La saga de l'énergie

Collection *Explora*

Prix Roberval 1991 du livre et de la communication en technologie
Plume d'or 1993 décernée par le jury du Prix Jean-Rostand

L'apparition du vivant, François Raulin

Les archives de la Terre, Christiane Sabouraud

Au cœur de la vie : la cellule, Dominique Morello

L'aventure millénaire des fusées, Jacques Villain

Le cerveau, Claude Kordon

Les climats de la Terre, Bruno Voituriez

La communication animale, Nathalie Tordjman et Vincent Darnet

Dans les traces des dinosaures, Éric Buffetaut

La découverte des abysses, Daniel Reyss

Des forêts et des hommes, Philippe Leroy

Découvrir les planètes, Bernard Hagene

Du boulier à l'informatique, Alain Taurisson

Du tam-tam au satellite, Patrice Carré

L'évolution, entre la bactérie et l'homme, Charles Lenay

La génétique, Catherine Bousquet

L'homme dans l'espace, Jean-Pierre Penot

L'intelligence artificielle, Joanna Pomian

L'invention du temps, Jean Matricon et Julien Roumette

Le lait, la nature et les hommes, Catherine Bouvier

Le médicament, Évelyne Eschwege et Gilles Bouvenot

Mille et une lunes, Anna Alter et Bernard Hagene

Mille milliards de microbes, Martine Scrive et Jean-Michel Boissier

Les mondes sonores, Denis Fortier

Moteurs et propulsions, Léopold Cohen

Le pétrole, une épopée, Xavier Boy de La Tour

Planète eau, Guy Leray

Représenter le monde, Françoise Minelle

Le Soleil est une étoile, Jean-Claude Pecker

EXPLORA

Collection dirigée par Dominique Blaizot

Claude Bienvenu

La saga de l'énergie

POCKET

ISBN : 2-266-06092-9

SOMMAIRE

UN BESOIN DE CLARIFICATION

Depuis la crise pétrolière de 1973, les problèmes liés à l'énergie ont pris de plus en plus d'importance. Autour de ce mot s'est développée une sorte de morale : "gaspiller de l'énergie est répréhensible car c'est un bien rare et précieux." Ce phénomène ressemble à celui qui accompagne le mot "environnement".
Dans les deux cas, il règne une confusion extraordinaire entre les différents sens que l'on peut donner aux mots en cause, sur l'étendue des domaines qu'ils recouvrent et sur les sous-entendus qui les accompagnent.

Un mot passe-partout

Énergie est un mot caméléon : son sens dépend du contexte dans lequel il est utilisé. Si je dis par exemple qu'il me faudra beaucoup d'*énergie* pour écrire ce livre consacré à l'*énergie*, il ne s'agit évidemment pas de la même chose ! Il y a cependant une certaine parenté entre le sens figuré et le sens propre : la notion innée de travail, d'effort, de fatigue.

Plus grave est la confusion fréquente entre l'énergie (grandeur physique que nous allons définir), et les matières ou les phénomènes qui permettent de la produire. Ainsi, pétrole, charbon, gaz, uranium ne sont pas des énergies, mais des matériaux qui, utilisés de façon appropriée, peuvent en fournir une certaine quantité.

Définir ce que l'on décrit

Une définition à la fois précise et claire de l'énergie, phénomène physique, est donc indispensable pour comprendre toute l'importance qu'elle a dans notre vie de tous les jours, et qu'elle aura plus encore dans un avenir proche.

Malheureusement, la notion même d'énergie n'est pas simple : la multiplicité des définitions données par les dictionnaires et encyclopédies est là pour le montrer !

Celle que nous en donnerons ne sera qu'une approximation de la réalité, mais suffisamment efficace pour nous permettre

Toile de Fernand Léger, *Les constructeurs aux cordages*, 1950.
L'énergie, moteur principal de toute construction.
"L'homme nouveau une mécanique
Dont la profonde raison d'être,
Dans sa fonction de chair et d'os,
Est de parfaire le Soleil.
Tous ces rouages désormais
Propulsent le feu de l'énergie
Dans la matière encore inerte."
Songe, de Fernand Léger.

de débrouiller l'enchevêtrement des différentes chaînes énergétiques, de suivre depuis l'origine l'évolution de ces chaînes, d'esquisser un panorama des évolutions futures et de montrer l'importance du facteur temps dans ces évolutions. ■

Chapitre 1

QU'EST-CE QUE L'ÉNERGIE ?

"Madeleine" (1640, détail), Georges de La Tour (1593-1652). Depuis l'origine de l'humanité, la flamme est symbole de la vie par la protection qu'elle offre à l'homme contre les dangers de la nature : froid, carnassiers....

Alors que les notions de dimension, de temps, de masse et de force sont directement perceptibles à nos sens et à notre conscience, celle d'*énergie* est plus complexe, multiforme et donc plus abstraite. Elle est pourtant omniprésente et gouverne toutes les évolutions de notre Univers.

L'énergie, une photographie de la nature

Le monde qui nous entoure, depuis les étoiles jusqu'à nos objets les plus usuels, a une mesure commune : la quantité de matière dont chacun de ces objets est fait, c'est-à-dire leur *masse*. Nous sommes habitués à cette notion que nous utilisons tous les jours sans nous poser de questions : le kilogramme est une mesure familière.

L'énergie est un autre moyen de décrire la nature. Illustrons ceci par une petite analogie : la Bible peut s'écrire en français ou en japonais, c'est toujours la Bible ; de la même façon, on peut décrire la nature en masse ou en énergie, c'est toujours la nature. Notre bon sens a du mal à admettre ce double visage, et pourtant nous nous reconnaissons bien sur des photos prises de face et de profil !

Ancien roi de Rome divinisé, Janus fut doté par Saturne de deux visages. C'est la raison pour laquelle ses effigies le représentent toujours sous ses deux profils. Comme la matière, on peut donc le décrire de deux manières différentes, selon le visage que l'on voit.

Des quantités énormes

Revenons à la Bible. Pour passer du français au japonais, il y a un dictionnaire. Il y en a un aussi pour passer de la masse à l'énergie. C'est au grand physicien Albert Einstein (1879-1955) qu'on le doit et il se résume en cinq signes célèbres : $E = Mc^2$.

Le visage d'Albert Einstein est l'un des plus connus du public, à juste titre. L'histoire de la physique peut être scindée en deux : il y a l'avant et l'après Einstein, tant la nouveauté et l'importance de ses théories ont bouleversé la conception de la physique et, au-delà, des sciences en général.

Ce qui veut dire, traduit en langage courant, qu'un objet de masse *M* est aussi le concentré d'énergie *E* égal à sa masse *M*, multipliée deux fois par la vitesse de la lumière, appelée *c* (300 000 km/s environ).
Si, par exemple, notre masse est de 80 kilogrammes, mesurée en énergie elle est de… 2 000 milliards de kilowattheures !

Pour la vie de tous les jours, il est évidemment plus pratique de décrire les objets dans le langage "masse" plutôt que dans celui de l'énergie.
Puisque l'énergie et la masse sont deux moyens différents de décrire la même chose, on peut dire, comme Lavoisier : rien ne se perd, rien ne se crée, tout se transforme. *Quoi qu'il puisse arriver dans notre Univers, son énergie reste constante.*

De l'astronomique au familier

Nous voici bien loin, semble-t-il, de l'usage que nous faisons habituellement du mot "énergie". Cette photographie de la nature ne montre pas, en effet, son extraordinaire diversité.
La plus grande partie de l'énergie se trouve à l'état très condensé dans les objets matériels, petits ou grands, de l'atome à l'étoile.

La *Dentelle du Cygne* : reste de supernova se fondant dans le milieu interstellaire. À la fin de sa vie, une grosse étoile explose dans un mini big-bang. La masse de l'étoile se convertit brutalement, au moins partiellement, en énergie et en particulier en énergie rayonnante, dans un embrasement apocalyptique que nous percevons de la Terre, parfois même à l'œil nu.

Mais il en reste encore beaucoup sous une forme diluée, impalpable, omniprésente : c'est celle-ci qui sera le sujet principal de ce livre. La masse est de l'énergie congelée dont nous ne savons utiliser que la vapeur.

Le message de l'énergie

Pour l'instant, nous sommes devant une photographie immobile, statique. Comment l'énergie se manifeste-t-elle à nous, comment communique-t-elle avec nous ?

■ Tout d'abord, elle crée autour d'elle un signal, d'autant plus fort qu'elle est concentrée et proche : un *champ*. Ce signal dit aux autres masses : “Je suis là ! Venez me rejoindre”. C'est ce champ qui fit tomber la pomme devant Newton, et lui permit d'écrire sa loi : *Tous les corps s'attirent proportionnellement à leur masse et inversement proportionnellement au carré de leur distance*.

Isaac Newton (1642-1727), esprit extraordinairement fertile et lucide à la fois. Son œuvre considérable et diverse sera à la base de l'explosion scientifique du siècle des Lumières. La légende veut que Newton ait pressenti la gravitation universelle en observant la chute d'une pomme.

La pesanteur est la manifestation la plus quotidienne de cette loi, dite de la *gravitation universelle* : la Terre nous attire et nous attirons la Terre.

■ Ensuite, décrire la nature par la seule répartition de ses masses (ou de ses énergies), n'est pas suffisant. Nous savons que la matière est constituée d'une collection de particules plus ou moins lourdes : noyaux, atomes, molécules, etc. Et la nature a inventé un autre caractère pour les décrire : la *charge électrique*.

Elle peut être positive, négative ou nulle et se signale, comme la masse, par un champ dit *électrique*, qui obéit à une loi proche de celle de Newton : la loi de Coulomb.

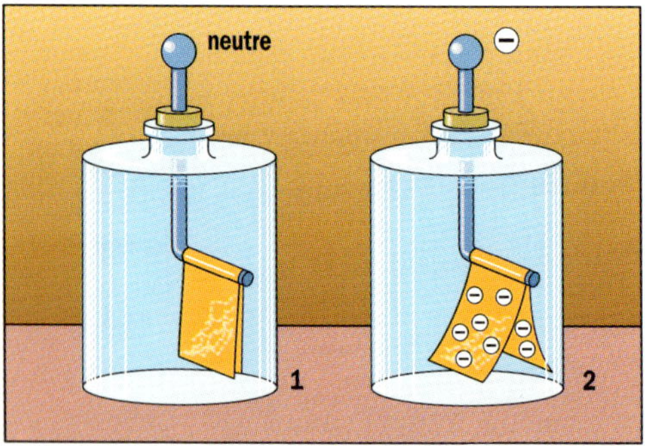

■ Enfin, pour être complet, il faudrait parler de deux autres champs qui décrivent, eux aussi, la nature et que l'on a baptisés *interaction faible* et *interaction forte*. Mais comme ils ne concernent que les particules subatomiques nous nous contenterons de les oublier, malgré le rôle fondamental qu'ils jouent dans l'énergie nucléaire.

L'électromètre (1) est composé d'une bouteille de verre fermée par un bouchon isolant. Dans cet isolant passe un conducteur qui porte deux très minces feuilles, d'or par exemple, pendues l'une contre l'autre. Si l'on envoie des charges électriques sur l'instrument (2), les deux feuilles s'écartent l'une de l'autre puisque leurs charges sont de même signe. En effet, la loi de Coulomb s'exprime ainsi : Tous les corps de *même charge se repoussent* proportionnellement à leur charge et inversement proportionnellement au carré de leur distance.
Tous les corps de *charge contraire s'attirent* proportionnellement à leur charge et inversement proportionnellement au carré de leur distance.

L'énergie qui compose la nature nous adresse donc en permanence quatre signaux : gravitation, champ électrique, interaction faible et interaction forte. Comment les ressentons-nous et qu'allons-nous en faire ?

Apparition de la *force*

Revenons à la gravitation. La loi de Newton constate que tous les corps s'attirent les uns les autres. Il s'en déduit que toutes les masses de l'Univers doivent se retrouver au bout d'un certain temps regroupées en un corps unique, d'une forme telle qu'elles ne puissent se rapprocher davantage. On peut démontrer que c'est la sphère, et ceci explique la forme de beaucoup de corps célestes, comme celle des bulles de liquide qu'on voit se promener dans la navette spatiale, lorsqu'un astronaute renverse son jus d'orange.
Nous n'en sommes pas encore, à l'évidence, dans un univers globuliforme où plus rien ne pourrait bouger. Redescendons alors sur notre globe terrestre. Nous nous y sentons solidement collés par l'attraction de la Terre. Nous appelons cela *peser*. Ce poids est la manifestation la plus familière de ce que les physiciens appellent une *force*, traduction physique de cette attraction mutuelle.
Toutes les masses, comme tous les corps chargés d'électricité, exercent les uns sur les autres des forces, que l'on sait mesurer et calculer avec les lois de Newton et de Coulomb.

Jusqu'à maintenant, nous sommes restés dans le domaine statique : il y a des masses, des charges, des champs, enfin des forces, mais tout cela est immobile donc très différent du monde dans lequel nous vivons.

Enfin l'énergie vint !

■ Un sac de ciment a une certaine masse. Sur la Terre, il est soumis à une force : son poids. Si nous voulons hisser ce sac au sommet de la tour Eiffel, l'expérience nous montre qu'il faudra faire un effort. C'est ce qu'en termes de physique on appelle faire un *travail.* Le travail est la forme mécanique (il y en a bien d'autres) de l'énergie qui apparaît enfin ici. *Il y a travail, donc énergie, chaque fois qu'il y a déplacement d'une force.*

■ Ce qui est vrai en mécanique l'est aussi en électricité. Pour séparer deux charges électriques de signes contraires, comme pour rapprocher deux charges de même signe, il faut fournir une certaine quantité d'énergie, proportionnelle à l'importance de la charge et à la force du champ électrique que l'on appelle la *tension,* le *potentiel,* ou, plus scientifiquement, la *différence de potentiel.*

Dans les deux cas, l'inverse est vrai. Par exemple la descente du sac du haut de la tour jusqu'au sol restituera le travail qu'il avait fallu fournir pour le monter.

Atlas portant la Terre. Ayant pris le parti des Géants révoltés contre les dieux, Zeus condamna Atlas à supporter le globe terrestre pour l'éternité. C'est donc le premier martyr de la gravitation !

Les soldats fournissent un travail – manifestement assez difficile – pour monter le contrepoids du trébuchet. En retombant vers le sol, ce contrepoids restituera ce travail au boulet qui sera ainsi lancé avec énergie !

Comment définir l'énergie ?

Dans l'exemple qui précède, on constate que le système "Terre + sac" n'est pas le même avant qu'on lui ait ajouté une dose de travail et après : collés l'un sur l'autre avant, la Terre et le sac sont séparés après. C'est dans la transformation des systèmes qu'apparaît l'énergie et on peut la définir ainsi : *l'énergie est ce qu'il faut fournir ou enlever à un système matériel pour le transformer.*

Cette définition, peu scientifique, parle bien à notre imagination : dès qu'une modification intervient sur n'importe quelle partie de l'Univers, on peut affirmer que l'énergie s'est manifestée.

En conséquence :
– Si un système subit une série de transformations qui le ramènent à son état de départ, il a reçu autant d'énergie de l'extérieur qu'il en a rendu ; c'est le cas, par exemple, du système "Terre + sac" cité plus haut : dans son aller et retour au sommet de la tour Eiffel, il a reçu pour monter autant d'énergie qu'il en a restitué pour revenir à son point de départ.
– Si un système subit une transformation, c'est qu'il a reçu (ou fourni) de l'énergie des systèmes voisins. Ce qui veut dire que ces derniers sont eux-mêmes transformés ! Quel que soit le découpage en systèmes que nous imaginions, ils seront toujours liés entre eux dans toutes leurs transformations comme les maillons d'une chaîne : l'Univers est un.

▲ En résumé, masse et énergie sont deux aspects de la même réalité matérielle et la charge électrique est un autre aspect de cette réalité. Masse, énergie et charge nous sont sensibles par les champs qu'ils créent et les forces qui en résultent. Le déplacement de ces forces crée ou absorbe de l'énergie, qui sera donnée ou prise au reste de l'Univers et qui se manifeste par la transformation du système matériel. ■

À chaque coup de presse, l'énergie fournie déforme la pièce, la transforme (ici, emboutissage de portières de voitures).

SYSTÈME MATÉRIEL

■ À la différence des systèmes immatériels, comme les systèmes philosophiques, organisationnels (le taylorisme), économiques (le capitalisme), mathématiques (le système décimal), physique (le système métrique), voire religieux, un "système matériel" n'est que la réunion d'un ensemble d'objets matériels séparés du reste de l'Univers par une frontière infranchissable par tout autre objet matériel. Cette frontière est arbitraire mais ne doit pas varier pendant toute la durée du phénomène étudié.

Par exemple, mettons une casserole d'eau froide sur une plaque chauffante électrique. Nous avons là un système à trois éléments : casserole – eau froide – plaque. Allumons la plaque. L'énergie électrique se transforme en chaleur qui sera pour partie perdue hors du système, et pour partie transformera le système en chauffant l'eau. Mais si, à ce moment, nous ajoutons des pommes de terre dans l'eau, nous créons un nouveau système.

Autre exemple, plus mécanique. Une automobile à l'arrêt, en terrain plat, forme, avec la Terre, un système à deux objets. La seule transformation qui puisse survenir proviendrait de l'énergie potentielle de la masse de l'automobile au-dessus du sol : la suspension peut finir par s'écraser ou les pneus se dégonfler.

Pour lancer le moteur et donner à la voiture l'énergie dont elle a besoin, il faut faire intervenir un troisième élément, donc créer un nouveau système : il s'agit de l'atmosphère (si nous supposons que la voiture est dotée d'un moteur à combustion, et non d'un moteur électrique). C'est donc l'ensemble automobile-Terre-atmosphère qui forme le système minimal.

Dans toute étude énergétique, il faut d'abord définir avec rigueur ce que l'on met dans le système étudié et ce qui reste à l'extérieur. En dehors de cette précaution, tout l'Univers peut se décomposer *ad libitum* en systèmes connexes ou non, en chaînes de systèmes, etc. À la limite, l'Univers lui même est un système.

Stevin
Roger Bacon
Aristote
Thales de Milet
Galilée

Chapitre 2

L'ÉNERGIE SOUS TOUTES SES FORMES

Toutes les formes d'énergie sont équivalentes et toutes peuvent se dégrader totalement en chaleur alors que, à l'inverse, seule une partie de la chaleur peut se retransformer en énergie. La *thermodynamique* est l'étude de cet échange énergie-chaleur.

Fresque de Raoul Dufy (1877-1953), *La fée électricité*, 1937. Détail : *Les origines*, les Grecs s'intéressent à l'électricité.

La trilogie : mécanique, électrique, chimique

La manifestation la plus courante de l'énergie, celle que nous comprenons le mieux, c'est le *travail mécanique*, c'est-à-dire le déplacement d'une force.

Déplacement, certes, mais pas n'importe lequel ! Si l'on veut, par exemple, faire rouler une bille sur une table de billard, il faudra très peu d'énergie. Parce que, tout simplement, le poids de la bille est perpendiculaire à la table, du haut vers le bas, et qu'elle roule horizontalement. Mais si l'on veut hisser la bille sur une étagère, alors il faudra lutter contre son poids et dépenser plus de travail.

Dès que nous cherchons à déformer un système matériel quelconque, nous dépensons (ou nous recevons) de l'énergie mécanique. Le ressort qui se bande ou se détend, l'air que l'on comprime et qui propulse ensuite un plomb de chasse, l'eau que l'on pompe dans un réservoir et qui alimente ensuite les tourniquets d'arrosage, tout cela est du domaine de l'énergie mécanique, au même

La charrue avant les bœufs : dès l'origine de l'humanité, les travaux de la terre étaient ceux qui nécessitaient le plus de travail. La domestication des animaux de trait a considérablement réduit cette charge.

titre que l'usinage du métal, le sciage du bois, le déplacement d'une voiture, etc.

Un fluide actif et mystérieux

La *forme électrique* de l'énergie est un peu plus mystérieuse.
La matière est constituée d'atomes, minuscules particules élémentaires, elles-mêmes formées par un noyau autour duquel tournent comme des satellites des particules encore plus petites, les électrons.
La loi de Coulomb (p. 16) a plus d'effet sur eux que sur le noyau, infiniment plus lourd. Ce sont donc les électrons qui circulent dans nos fils électriques, et qui font notre *courant électrique* coutumier.

■ Dans les matériaux dits *conducteurs*, les électrons se déplacent avec facilité, transportant leur charge avec eux.

■ Dans les matériaux dits *isolants*, au contraire, les noyaux des atomes s'agrippent à eux et freinent ou empêchent leurs mouvements.

■ La plupart des matériaux se placent entre ces deux extrêmes, ils sont plus ou moins *résistants* au passage du courant.

Un atome est composé d'un noyau et d'électrons satellites. Le noyau, chargé positivement, concentre la quasi-totalité de la masse, donc de l'énergie de l'atome et c'est sur lui que s'exerce la gravitation.

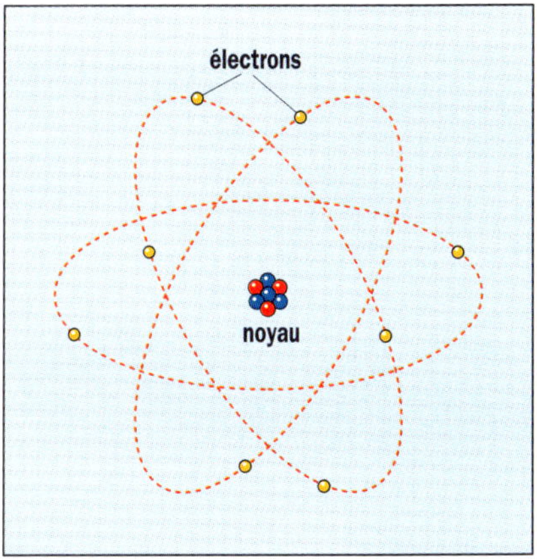

Le ou les électrons, chargés négativement, des milliers de fois plus légers que le noyau, tournent autour de lui.

Mais comment un “objet” aussi ténu que l'électron peut-il transformer des systèmes matériels beaucoup plus massifs que lui ?

■ Il le peut directement, en “excitant” les atomes qu'il traverse dans sa course, c'est-à-dire en perturbant par son champ électrique la circulation des électrons orbitant autour des noyaux, et nous trouvons là beaucoup d'applications courantes qui vont du tube de télévision à l'éclair d'orage en passant par l'éclairage fluorescent.

■ Mais il le peut aussi indirectement, comme nous allons le voir.

Le champ électrique dû au passage du courant confère aux électrons une agitation intense à l'origine des ondes électromagnétiques dont la lumière est une composante. Les mouvements de l'air par temps d'orage transportent sur les nuages les charges électriques. Lorsque la différence de potentiel avec la Terre est trop forte, il y a décharge brutale entre les deux : c'est l'éclair.

La forme prométhéenne de l'énergie

Comme l'énergie mécanique, l'*énergie chimique* nous apparaît sans mystères. Faire du feu, manger, mettre de l'engrais au pied d'un rosier, utilise de l'énergie chimique et cela nous semble tout à fait naturel.

La réalité est un peu plus complexe. Nous venons de voir que les atomes de la matière sont formés d'un noyau et d'électrons satellites. Les noyaux, qui sont lourds, ont tendance à se coller les uns aux autres : c'est encore la loi de la gravitation qui s'applique.
Mais les nuages d'électrons qui les entourent sont chargés électriquement et se repoussent vigoureusement. Selon leur nature et les conditions de leur contact, les atomes peuvent s'ignorer, si leurs électrons se repoussent trop fortement, ou se combiner en "molécules", et ils s'échangent alors des électrons comme deux jongleurs échangent des boules. Les molécules peuvent aussi se décomposer en atomes lorsque le milieu qui les entoure les y pousse.
Ainsi, l'énergie chimique résulte d'échanges de charges électriques entre les atomes.

Les équivalences

La question est maintenant de savoir si les différentes formes d'énergie – mécanique, électrique, chimique – sont mesurables, c'est-à-dire, s'il existe un "mètre", une unité commune à toutes. En d'autres termes, ces trois formes sont-elles équivalentes ?
Le schéma de la page 28 montre que la réponse est positive : il y a bien équivalence entre les trois formes d'énergie puisque l'on peut passer de l'une à l'autre, et donc les comparer à un même étalon, pris dans n'importe laquelle des trois formes.

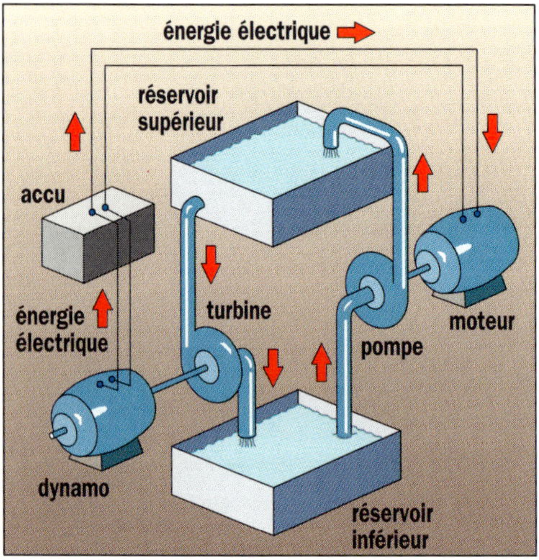

Un accumulateur électrique transforme une énergie chimique en électricité. Cette électricité peut actionner le moteur d'une pompe qui fait monter de l'eau au sommet d'une colline, c'est-à-dire fournira de l'énergie mécanique. Cette eau, redescendant de la colline, entraînera une turbine accouplée à une dynamo, et l'électricité produite par cette dernière rechargera l'accumulateur.

C'est la forme mécanique qui a été retenue et l'unité est le *joule* dont la définition officielle est : *le joule est l'énergie fournie par une force de 1 newton se déplaçant de 1 mètre le long de son axe.*

Un joule est, en gros, l'énergie qu'il faut fournir à un poids de 100 grammes pour l'élever d'un mètre, pour monter une assiette du sol sur la table ; pour monter notre sac de ciment d'une masse de 50 kilogrammes au sommet de la tour Eiffel, il aura fallu que nous fournissions 150 000 joules (la Terre exerce en effet sur notre sac une force de 500 newtons, qu'il faut multiplier par les 300 mètres, hauteur de la tour Eiffel).

Il est utile d'introduire maintenant la notion de *débit d'énergie*, c'est-à-dire de quantité d'énergie fournie par unité de temps ou, pour parler comme tout le monde, de *puissance : 1 watt est la puissance qui fournit 1 joule par seconde.*

Énergie potentielle, énergie cinétique

Reprenons notre sac de ciment pendu en haut de la tour Eiffel. Nous avons dit que, en revenant au niveau du sol, il fournira la même énergie que celle qu'il avait fallu dépenser pour le monter là-haut. On dit qu'il y a une *énergie potentielle* dans le système sac-Terre.

Le terme *potentiel* (du latin *potere,* pouvoir) n'exprime pas autre chose : le sac en l'air *peut* fournir de l'énergie. Il ne s'agit donc pas d'un type particulier d'énergie et nous verrons que les combustibles, l'uranium, l'eau, l'air, etc., sont des sources *potentielles* d'énergies diverses.

C'est pour la même raison qu'on appelle *différence de potentiel* (p. 18) ce qui mesure l'intensité des champs électriques : s'il y a différence de potentiel, les électrons *peuvent* se mettre à circuler dans le champ, développant ainsi une énergie électrique.

Lâchons maintenant notre sac. La Terre et lui se précipitent l'un vers l'autre. Évidemment, la Terre n'est en rien ébranlée : la différence des masses est si grande ! Mais le sac, lui, tombe à une vitesse croissante et l'énergie potentielle qu'il a par rapport à la Terre diminue au fur et à mesure qu'il se rapproche d'elle.

L'eau captée en altitude est une source potentielle d'énergie si on l'amène plus bas, au fond d'une vallée par exemple. C'est le rôle des "conduites forcées" que l'on voit fréquemment en montagne : elles apportent l'eau sous pression aux vannes d'entrée des turbines situées dans la salle des machines.

En effet, lorsque le sac est arrivé à mi-hauteur, son énergie potentielle n'est plus égale qu'au travail nécessaire pour le monter de la Terre jusqu'à ce point, c'est-à-dire la moitié de celui qu'il aurait fallu dépenser pour aller jusqu'au sommet. Il faut bien que la différence avec celle qu'il avait au départ se retrouve quelque part, *principe de la conservation* oblige.

Or nous constatons en même temps que la vitesse du sac dans sa chute ne cesse de croître : nous sommes en présence de la quatrième forme d'énergie, l'*énergie cinétique : Tout corps en mouvement est porteur d'une énergie* (E) *égale à la moitié de sa masse* (M) *multipliée par le carré de sa vitesse* (V) : $E = 1/2\ MV^2$.

Notre sac, qui convertit son énergie potentielle de 150 000 joules en vitesse tout au long de sa chute, arrivera au sol à une vitesse V d'environ 280 km/h !
C'est à partir de cette loi qu'on a défini la *force* : *La force* (F) *exercée sur un corps est égale à sa masse* (M) *multipliée par l'accroissement de sa vitesse* (son accélération, γ) : $F = M\gamma$.
D'où la définition du *newton* : *Le newton est la force qui accroît la vitesse d'une masse de 1 kilogramme de 1 mètre par seconde chaque seconde*. C'est à peu de choses près la force qu'exerce notre assiette sur la table.
Toutes choses égales par ailleurs, le sac qui tombe de la tour Eiffel est comparable à un électron soumis à un champ électrique. L'électron accélère jusqu'à une vitesse phénoménale, de plus en plus proche de celle de la lumière.
On peut alors vérifier l'identité de la masse et de l'énergie : l'électron, gavé d'énergie, est de plus en plus lourd, et d'une quantité conforme à la formule d'Einstein, ce que les physiciens savent mesurer.

Au sommet du tremplin, le sauteur dispose d'une énergie potentielle qui, tout au long de sa descente, se transformera en énergie cinétique, c'est-à-dire en vitesse, et lui permettra de s'envoler.

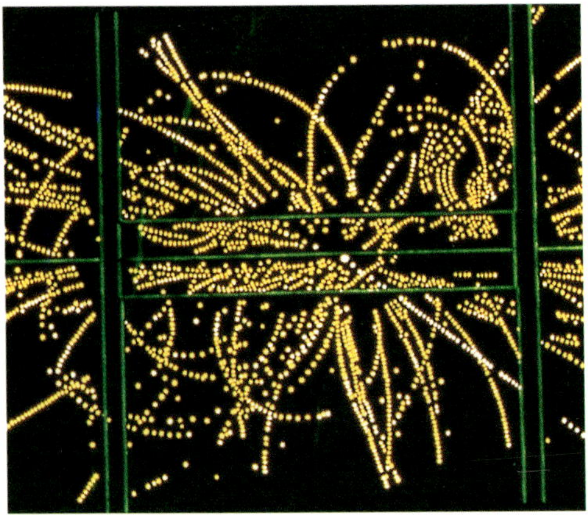

Une "chambre à bulles" est une cavité remplie d'une vapeur presque saturée (c'est-à-dire proche de la condensation). Elle a en gros la forme d'un camembert dont les faces planes sont transparentes pour pouvoir observer les phénomènes. On la soumet à un champ magnétique intense perpendiculairement à ces faces. Les électrons qui y circulent condensent la vapeur en fines gouttelettes que l'on peut observer. Plus ils sont rapides, donc lourds, moins ils sont déviés par le champ magnétique imposé et plus le rayon de leur trace est grand.

LES UNITÉS

- Longueur : *mètre*
- Masse : *kilogramme*
- Temps : *seconde*
- Quantité d'électricité : *coulomb* ; le coulomb est l'électricité portée par $6{,}24 \times 10^{18}$ électrons, soit 6,24 milliards de milliards d'électrons.
- Intensité électrique : *ampère* ; l'ampère correspond à un débit de 1 coulomb par seconde.
- Force : newton ; le newton est la force qui, appliquée à une masse de 1 kilogramme, accélère sa vitesse de 1 m/s chaque seconde.
- Énergie : joule ; le *joule* est l'énergie fournie par une force de 1 newton se déplaçant de 1 mètre. On utilise aussi le kilowattheure qui vaut 3,6 millions de joules et la tep, tonne d'équivalent pétrole, qui équivaut à 42 milliards de joules (mais uniquement sous forme de chaleur).
- Puissance : *watt* ; la puissance est un débit d'énergie : 1 watt fournit 1 joule par seconde.
- Potentiel : *volt* ; on utilise également l'expression *différence de potentiel*, qui est plus exacte, ou encore *tension* ou *voltage*, qui sont plus familiers. Une intensité électrique de 1 ampère circulant entre deux points dont la différence de potentiel est de 1 volt fournit une puissance de 1 watt.

Et la chaleur dans tout cela ?

Nous n'avons pas encore parlé de la chaleur alors qu'on la considère habituellement comme une forme d'énergie comme les autres. Mais c'est justement qu'elle n'est pas comme les autres !
Toutes les autres énergies peuvent se transformer en chaleur, nous le constatons tous les jours. L'énergie chimique du système bois + air se transforme en chaleur dans la cheminée ; l'énergie électrique alimente les radiateurs ; l'énergie mécanique se retrouve dans les freins brûlants des voitures au bas des côtes ; la balle de carabine fond quand elle frappe la plaque d'acier de la cible...
Le physicien anglais James Joule a montré, expérimentalement en 1843, que la totalité de ces énergies se retrouve en chaleur. Il est donc légitime de mesurer la chaleur avec la même unité qu'elles : le *joule*.
Mais il est rigoureusement impossible de retransformer une quantité de chaleur en la même quantité de n'importe quelle autre énergie comme le montrera le principe de Carnot (p. 38) : *il n'y a pas équivalence entre la chaleur et les autres formes d'énergie.*

La danse de Saint-Guy des atomes

Qu'est-ce donc que la chaleur ?
Dans ce qui précède, nous avons défini sommairement ce qu'était un "système" (p. 21). Mais l'assemblage d'atomes et de particules au sein d'un corps unique n'est

plus tout à fait un système au sens énergétique. En effet, chacune des particules qui le compose est animée d'une vitesse propre et possède donc une certaine énergie cinétique. L'échauffement d'un corps se traduit par l'accroissement de la vitesse de *toutes* les particules, et le total de cette augmentation d'énergie cinétique est égal à l'énergie fournie au corps en question : il y a bien conservation de l'énergie.

Comment faire du feu sans briquet ni allumettes ? Les pertes peuvent parfois être utiles ! En frottant vigoureusement des pièces de bois sec l'une contre l'autre, et donc en dépensant un travail musculaire précieux, ces hommes primitifs obtiennent du feu, bien plus précieux encore, comme le montrait *La guerre du feu* de J. H. Rosny (1911).

Le malheur, c'est que chacune de ces particules s'agite pour son compte, sans aucune cohérence avec ses voisines, dans le désordre le plus complet.

Désordre, voilà le grand mot lâché. La chaleur est une somme d'énergies cinétiques désordonnées.

Reprenons l'exemple de la balle : lorsque la carabine la projette, elle ajoute à la vitesse d'agitation de chacun des atomes une vitesse globale, bien cohérente, qui est celle de la balle elle-même. Et lorsque notre projectile vient s'écraser sur la cible, cette vitesse se transforme en accroissement désordonné de la vitesse d'agitation de chaque atome, c'est-à-dire en chaleur.

Un peu de thermodynamique

Dans notre expérience démontrant l'équivalence des différentes énergies (p. 28), tout se passait pour le mieux dans le meilleur des mondes : l'accumulateur alimentait une pompe, et la dynamo entraînée par la turbine rechargeait l'accumulateur, et cela, indéfiniment. C'était le mouvement perpétuel.

Nous savons, hélas ! que c'est impossible : pour que notre circuit continue à tourner, il faudrait qu'aucune énergie ne soit perdue en route. Et, malheureusement, aucune de nos machines n'est parfaite (les techniciens disent qu'elles ont un *rendement* inférieur à 1), car elles ne restituent à la sortie qu'une partie de l'énergie qu'elles ont reçue à l'entrée.

Inéluctablement, donc, l'accumulateur se déchargera et le circuit finira par cesser de fonctionner.

Mais où sera donc passée cette énergie perdue ? Eh bien, elle sera toujours là, sous la forme de cette énergie cinétique désordonnée que nous avons appelée chaleur : toute imperfection, toute perte se traduit par un échauffement.

Depuis l'origine des temps la belle et bonne énergie se dégrade en chaleur, ce déchet énergétique. On dit que l'*entropie* est sans cesse croissante, ce qui veut dire que le désordre prend le pas sur l'ordre. Le principe de Carnot (p. 38) démontrera que cette tendance est irréversible, et le retour à l'ordre impossible. On voit alors le problème auquel sont confrontés les scientifiques : si cette marche inexorable vers le désordre, cet accroissement perpétuel de l'entropie qui mesure ce désordre, a commencé avec la naissance de notre Univers, que va devenir ce dernier ?
Il y a de multiples hypothèses, mais aucune certitude et, de toute manière, l'espèce humaine aura très probablement disparu depuis longtemps lorsque l'une d'entre elles se vérifiera.

Une forme de fin du monde. Qui dit désordre absolu dit uniformité statistique. L'entropie maximale peut s'imaginer comme une parfaite homogénéité dans la moyenne, donc comme le neutre, l'immobile, le gris, l'indéfinissable et finalement l'infiniment triste, l'enfer.

De la valse au rock

Il y a des degrés dans le désordre. L'expérience de Joule a montré que, si l'on injecte de l'énergie dans un corps de manière désordonnée, elle se transforme en chaleur : les atomes composant ce corps voient leur vitesse, leur énergie cinétique augmenter au fur et à mesure que le corps chauffe.
Un corps plus chaud qu'un autre a donc des atomes plus agités, plus rapides que ceux de l'autre. Si les atomes sont collés les uns aux autres, par exemple, un échauffement progressif les fera se heurter de plus en plus violemment, puis ils auront tendance à se tenir de plus en plus loin les uns des autres et, enfin, ils se sépareront complètement : nous venons de décrire le passage du solide au liquide, puis au gaz.
Si l'on enferme du gaz dans un récipient bien clos et que l'on chauffe l'ensemble, les atomes du gaz vont s'agiter de plus en plus fort. Leurs chocs contre la paroi du récipient vont être de plus en plus brutaux, c'est-à-dire que la pression sur les parois, qui n'est rien d'autre que la somme de ces chocs, va augmenter, et nous pouvons même aller jusqu'à l'explosion, ce qui démontre qu'on peut tirer de l'énergie mécanique de la chaleur !
C'est le génie de Carnot d'avoir montré que, lorsque l'on dispose de deux corps à températures différentes, deux “sources” de chaleur, on peut rendre ordonnée une fraction de la chaleur qui passe de l'un à l'autre, c'est-à-dire produire de l'énergie,

et que cette fraction est d'autant plus grande que le rapport des températures entre les deux corps est plus fort. Ce faisant, il a posé les bases d'une nouvelle science : la *thermodynamique.*

Une base simple, mais fondamentale

Le *principe de Carnot* s'exprime ainsi : "Soient deux sources de chaleur à températures différentes, T_1 pour la plus élevée et T_2 pour la plus basse ; (T_1 et T_2 sont des températures absolues, en degré Kelvin (°K), c'est-à-dire des températures en centigrades majorées de 273,15) la fraction maximale, R, d'énergie que l'on peut tirer de la chaleur passant d'une source à l'autre est égale à : $R = 1 - T_2/T_1$.
On déduit de cette formule que si $T_1 = T_2$, alors $R = 0$, ce qui veut dire qu'il est impossible de tirer de l'énergie de deux sources à température identique (ou d'une seule source ce qui revient au même), et aussi qu'il faudrait que T_1 soit infinie pour que toute la chaleur soit convertie en énergie.
La science de ces phénomènes s'appelle la thermodynamique. Elle enseigne, en particulier, que le chaud et le froid ont la même valeur : une tonne d'iceberg transportée sous nos latitudes pourrait fournir 6 kWh ;

Marmite de l'ingénieur français Denis Papin (1647-1714). Au fur et à mesure que la température s'accroît sous l'action du feu, la pression monte à l'intérieur de la marmite. D'où la présence d'une soupape de sûreté qui, laissant échapper la vapeur, empêche la machine d'exploser. C'est l'ancêtre de nos cocottes-minute.

elle pourrait, en effet, servir de source froide à une machine dont la source chaude serait l'océan lui-même. Les études entreprises pour concrétiser ce projet ont malheureusement montré que le remorquage d'iceberg consommerait plus d'énergie que les 6 kWh espérés !

Sadi Carnot, fils de Lazare Carnot, avait 28 ans quand il écrivit en 1824 son mémoire *Réflexions sur la puissance motrice du feu.* En moins de 120 pages, il démontre de manière limpide et simple le principe qui a fait sa renommée. Mais il exprime aussi bien d'autres idées qui montrent son extraordinaire sens de la prévision (p. 79). Mort en 1832, il n'en vit pas l'accomplissement.

Un principe très général...

Le principe de Carnot ne s'applique pas seulement à la machine à vapeur et au moteur à explosion, mais, de la même manière, aux réactions thermochimiques ou thermoélectriques, comme le résume le diagramme dit *de Thring* (schéma p. 40).
Le principe de Carnot explique également pourquoi le désordre est une perte d'énergie comme le démontre l'expérience, dite *paradoxe de Lodshmidt* (schéma p. 41).

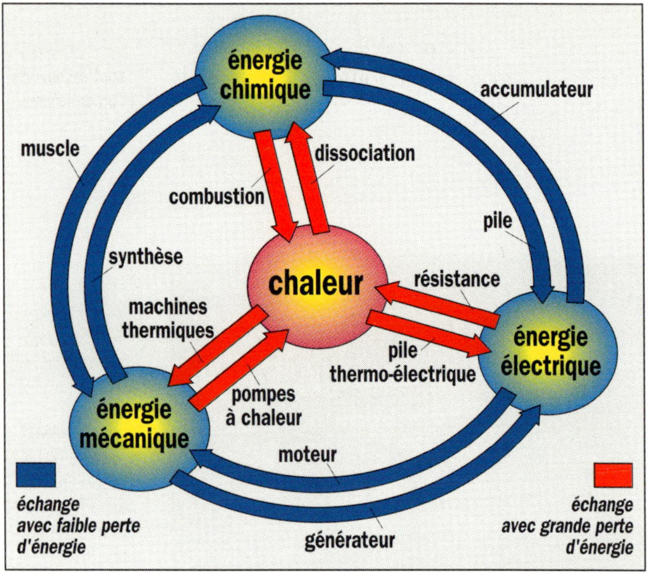

... qui marche dans les deux sens

Trois types d'énergie (cercles bleus) entourant un cercle rouge (la chaleur). En passant d'une énergie à l'autre (bleu), les pertes résultent de l'imperfection des machines. En passant par la chaleur (rouge), nous avons une perte systématique : nous partons d'une situation ordonnée pour aller vers le désordre que nous ne pouvons réordonner sans pertes !

Dernière constatation, et non des moindres, le principe de Carnot marche dans les deux sens : d'un flux de chaleur allant du chaud au froid, on tire de l'énergie et, inversement, en consommant de l'énergie, on peut créer un flux de chaleur allant du froid au chaud. Ce flux ainsi créé est d'autant plus grand que l'écart de température entre les deux sources est petit.

Si, par exemple on utilise la mer à 17 °C comme source froide, 1 joule d'énergie peut transporter 290 joules de chaleur à 18 °C, ou bien 10 joules à 49 °C. Ceci est facile à vérifier en utilisant la formule de la page précédente : T_1 = 17 °C = 290 °K,

T_2 = 49 °C = 322 °K, R = 1 – 290/322 = 0,1, ce qui veut dire qu'un dixième de joule d'énergie transporte 1 joule de chaleur de 17 °C à 49 °C.

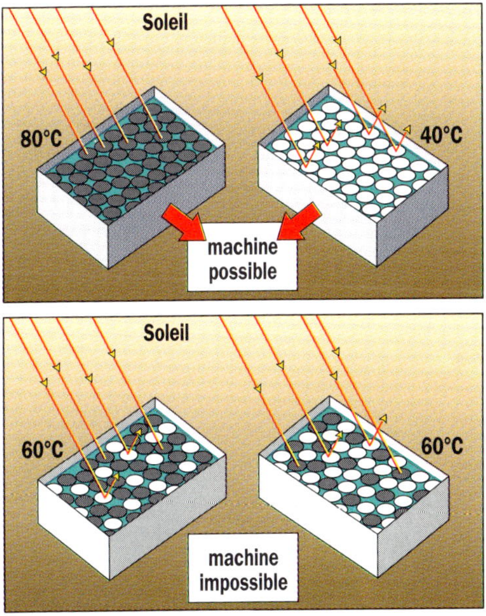

Les machines employées pour ce faire sont appelées "pompes à chaleur", et la plus connue d'entre elles est notre réfrigérateur.

▲ En résumé, si les quatre formes d'énergie examinées sont équivalentes, donc échangeables sans pertes et mesurables avec un étalon commun, le joule, ce n'est pas le cas de la chaleur qui n'est qu'une forme désordonnée d'énergie cinétique, dont une partie seulement peut être réordonnée. ■

Deux bacs métalliques identiques sont recouverts l'un de jetons noir mat, l'autre de jetons d'aluminium brillant. Exposons ces bacs au soleil : le bac couvert de jetons noirs va monter en température, 80 °C par exemple ; l'autre restera à 40 °C, car il réfléchit les rayons solaires au lieu de les absorber. Le principe de Carnot montre que l'on peut tirer de l'énergie de cet ensemble source chaude-source froide. Mélangeons uniformément les jetons : les deux bacs, d'un gris identique, reçoivent toujours autant d'énergie solaire, mais elle sera inutilisable, puisque les deux bacs étant à la même température, les sources chaude et froide auront disparu.

Chapitre 3

SOURCES ET VECTEURS ÉNERGÉTIQUES

Depuis l'Origine, l'Univers évolue dans un océan d'énergie. L'homme a appris a en capter une part de plus en plus grande. Encore lui a-t-il fallu la transporter là où il en avait besoin : c'est le rôle des *vecteurs*.

Georges de La Tour, "Madeleine" (détail). La lumière est le premier vecteur de l'énergie.

Les sources énergétiques

Il serait bien présomptueux d'affirmer tout savoir sur l'origine de l'énergie que nous utilisons aujourd'hui. Mais nous avons la chance, en observant les signaux que nous envoient les astres lointains, d'avoir sous les yeux des phénomènes vieux parfois de plusieurs milliards d'années qui nous donnent une petite idée de cette origine.

L'homme au milieu de la Création ; image idyllique du Paradis terrestre.

Elle serait double :
– la transformation de masse en énergie,
– la gravitation universelle.

Cela se serait passé, en simplifiant beaucoup, de la manière suivante.

Au début était une bouillie très concentrée de particules diverses, magma tellement lourd et dense que la gravitation universelle en écrasait les fragments les uns contre les autres. Toute la masse de l'Univers aurait tenu dans une toute petite sphère (c'est l'univers globuliforme de la page 17) !
Mais à presser des particules les unes contre les autres, on finit par les faire fusionner en une seule, plus grosse. C'est ce que constatent les astrophysiciens. Ils voient apparaître des noyaux d'un gaz très léger, l'hélium, à la place de particules élémentaires que l'on appelle *protons* et *neutrons*.
Ils savent que ce noyau d'hélium est constitué par deux protons accolés à deux neutrons, et que sa masse est *plus petite* que la somme des masses des deux protons et des deux neutrons initiaux. Et c'est là qu'intervient Einstein : il y a eu *perte de masse*, et qui dit perte de masse dit libération d'énergie. La *fusion* ainsi décrite nous est familière, puisque c'est elle qui régit le fonctionnement du Soleil.
L'hélium (du grec *hélios*, soleil) est le résultat de la plus simple des fusions, donc la première constatée. Mais bien d'autres vont suivre.
À la phase très condensée du début succède une phase explosive bien connue sous l'expression de "Big Bang", pendant laquelle l'énergie brutalement libérée disperse la matière restante aux quatre coins de l'Univers.

Passons quelques milliards d'années… Par fusions successives plus quelques absorptions plus ou moins bien connues, tous les atomes actuels résultent de ces deux phénomènes initiaux.
Tous les matériaux combustibles que nous utilisons aujourd'hui, de l'hydrogène à l'uranium en passant par le carbone, sont donc des cendres, des résidus de ces phénomènes primitifs.

La fusion a commencé au cœur du Soleil il y a plus de 4 milliards d'années et durera encore au moins 5 milliards d'années. Il projette dans le "ciel" solaire de gigantesques jets de matière brûlante, dont la hauteur peut atteindre 1 million de km, accompagnés d'un torrent de rayonnements énergétiques. La Terre en intercepte une petite partie qui lui permet d'entretenir la vie.

Un phénomène qui se poursuit

La fusion solaire, qui continue de nous inonder d'énergie rayonnante, a des effets multiples, seule ou en combinaison avec la gravitation.

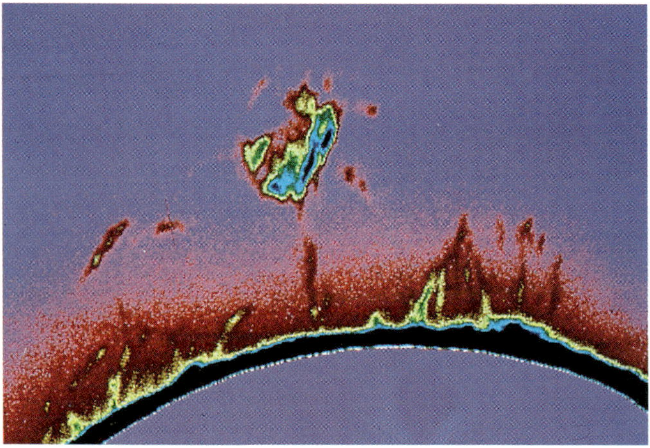

D'abord, elle entretient la vie sur la Terre, la fabrication d'êtres vivants, qui finiront par devenir, des millions d'années plus tard,

tourbe, lignite, charbon, pétrole ou gaz, ou qu'on utilisera tout de suite comme nourriture, matériaux, bois de chauffage, etc.
Ensuite, elle réchauffe le sol, les océans, l'atmosphère, d'où vent, pluie, vagues et toutes les énergies qui en découlent.

Quelques résidus

On ne peut clore cet inventaire des origines de l'énergie sans citer deux sources d'énergie fossile qui ne doivent rien au Soleil.
– D'abord, la *géothermie,* c'est-à-dire l'utilisation des restes de chaleur contenus sous la croûte terrestre qui sont loin d'être négligeables (p. 113) ;
– ensuite, la rotation de la Terre, qui, combinée avec l'attraction de la Lune, provoque le phénomène des *marées.* La centrale marémotrice de la Rance est un exemple, encore unique, de ce que l'on peut en tirer.

Éruption de l'Etna (Sicile). Si la présence de chaleur au centre de la Terre se manifeste essentiellement de manière douce, par exemple par un débit constant vers sa surface (70 kW par km²) qui nous réchauffe les pieds, elle peut aussi se rappeler à nous de manière volcanique de temps à autre !

Captation et transformation

Nous savons maintenant où trouver l'énergie. Encore faut-il la capter et la mettre sous une forme directement utilisable par l'homme.

La seule énergie qui nous parvienne aujourd'hui est celle du Soleil. Elle est gigantesque, mais diffuse et aléatoire. La nature, elle, dispose de millions de kilomètres carrés et de millions de siècles pour la capter, la transformer et la stocker.

L'homme peut soit puiser dans le stock ainsi constitué et ses dépenses sont uniquement celles nécessaires à extraire et transporter les combustibles, soit capter directement le flux solaire ce qui, à l'expérience, coûte une fortune.

Cette dispersion explique l'énorme difficulté à laquelle se heurtent les techniciens depuis des siècles.

On peut capter les rayons solaires sur des panneaux chauffants : les toits, les murs et les fenêtres de nos maisons ne font pas autre chose. Si l'on veut produire de l'énergie en plus de la chaleur, il faut la plus haute température possible (p. 38). D'où la nécessité de concentrer les rayons solaires. On le fait par de grands miroirs comme ici à Targasonne (Pyrénées Orientales).

LA CAPTATION DES ÉNERGIES

■ On peut mesurer la densité relative des sources d'énergie par les ordres de grandeur suivants :
– Une tonne d'air (800 m^3), traversant une éolienne à 25 km/h fournit 1/100 de kWh ;
– une tonne d'eau, dans une chute hydraulique de 360 m : 1 kWh ;
– une tonne d'eau chaude géothermique à 120 °C : 100 kWh ;
– une tonne de pétrole : 10 000 kWh ;
– une tonne d'uranium naturel dans un réacteur classique : 100 millions de kWh ;
– une tonne d'uranium naturel, dans un réacteur type "Super-Phenix" : 10 milliards de kWh.
Il faut se souvenir de ces ordres de grandeur pour évaluer à leur juste valeur les affirmations sur la "gratuité" des énergies sauvages. Elles sont comme les fraises des bois et les champignons : gratuites quand on va les cueillir en famille un dimanche après-midi, mais hors de prix lorsqu'il faut payer le temps passé à les ramasser.
Voici un exemple chiffré de ce phénomène. Dans les années 1980, la France construisait chaque année six centrales nucléaires de 900 000 kW. Pour ce faire, elle dépensait annuellement 300 000 tonnes d'acier, 2 millions de tonnes de béton, 9 milliards de kilowattheures et vingt milliards de francs de l'époque.
Pour avoir la même production d'électricité en construisant de petites centrales solaires identiques à celle de Targasonne, dans les Pyrénées, il aurait fallu en construire 13 500 par an (plus de 50 par jour ouvrable), en consommant 15 millions de tonnes d'acier, 36 millions de tonnes de béton, 80 milliards de kilowatts-heure et 1 000 milliards de francs !

Une succession d'étapes

Depuis son origine, l'humanité emploie deux sources, que l'on pourrait dire "naturelles".

■ Il y a d'abord la nourriture, qui entretient la vie et son corollaire : le travail musculaire de l'homme et des animaux qu'il a domestiqués.
En elle-même, cette nourriture est déjà l'aboutissement d'un long processus : la fusion solaire alimente en énergie une usine chimique très compliquée, la plante, dont les produits sont traités par une autre usine chimique complexe, le corps humain, pour aboutir à une dernière usine chimio-mécanique : le muscle.
■ Le feu apparut ensuite, première manifestation de l'énergie chimique qui résulte de la combinaison d'un "combustible", le bois à l'origine, avec l'oxygène de l'air. On pourrait écrire une encyclopédie sur les usages du feu à travers l'histoire.
Contentons-nous de rappeler qu'il a joué un rôle capital dans la survie de l'espèce humaine et dans ses progrès et que ce rôle est loin d'avoir disparu.

En dehors de la cuisson des aliments et de la protection contre les animaux prédateurs, le feu protège du froid. La cheminée moderne, améliorée par un système de récupération de chaleur, ajoute à cet usage devenu secondaire, une valeur poétique de plus en plus appréciée.

■ La troisième étape dans cette captation des sources énergétiques a été la maîtrise du vent et des chutes d'eau, sources d'énergie mécanique.

■ La quatrième, la plus importante encore aujourd'hui, c'est l'invention des machines transformant la chaleur, quelle qu'en soit l'origine, en énergie mécanique.

■ La dernière, la plus récente et la plus spectaculaire, c'est la maîtrise de la transformation de masse en chaleur, puis en énergie mécanique, plus connue sous le nom d'énergie nucléaire.

Les vecteurs énergétiques

Ainsi, l'homme a su passer des sources "sauvages" à une forme d'énergie plus adaptée à ses besoins ; mais il n'y a aucune raison pour que la production de cette énergie

La construction des machines à vapeur, depuis le XVIIe jusqu'à la fin du XVIIIe siècle, a représenté un tour de force pour les artisans mécaniciens, chaudronniers, charpentiers qui ne disposaient que d'outils rudimentaires et imprécis et de très peu d'énergie mécanique. Faire coulisser un piston dans un cylindre sans trop de fuites tenait du miracle (ici, la machine de Watt).

domestiquée se fasse exactement à l'endroit où nous en avons justement besoin. Il nous faut pouvoir la transporter, l'échanger éventuellement contre une autre forme d'énergie. On utilise pour cela ce que l'on appelle un *vecteur*, c'est-à-dire quelque chose qui restitue à une de ses extrémités l'énergie qu'il aura reçue à l'autre, avec de préférence le moins de pertes possible. Dans certains cas, ce vecteur sera la source d'énergie elle-même : c'est le cas de la nourriture qui, après un long circuit, actionne directement les cellules musculaires avec un rendement bien supérieur aux meilleures machines thermiques. Mais le vecteur le plus connu est le vecteur mécanique : un arbre de transmission, une courroie, un train d'engrenages, un câble d'ascenseur ou de remonte-pente sont des vecteurs mécaniques.

L'utilisation des sources disponibles d'énergie – homme, animal, eau, vent – en l'absence d'autre vecteur que mécanique, a obligé nos ancêtres à faire montre d'une imagination débordante. D'Archimède et Héron d'Alexandrie à Agricola et Léonard de Vinci, les grands mécaniciens ont laissé une œuvre admirable qui déborde le seul domaine des mécanismes.

Il y en a bien d'autres. Les fluides sous pression par exemple : air comprimé, eau sous pression, sans oublier l'huile à haute pression que l'on voit à l'œuvre sur les matériels de travaux publics comme les pelles mécaniques. Ou bien encore les fluides en mouvement, comme dans les ventilateurs, les aspirateurs, etc.
Deux vecteurs méritent un paragraphe spécial : les vibrations et l'électricité.

Les vibrations

Dans ce qui précède, le vecteur se déplaçait, transportant l'énergie avec lui.
Comment une vibration, c'est-à-dire une oscillation autour d'un point fixe, pourrait-elle en faire autant ?
Nous le constatons pourtant en permanence avec le son. Qu'est-ce que le son en effet, sinon une vibration des molécules d'air ?
Tout se passe comme si la molécule oscillante empruntait un peu d'énergie à celle qui la précède pour la restituer à celle qui la suit, pour finir par agiter notre tympan.

Le son émis par une sirène de bateau transporte assez d'énergie pour être perçu de loin. De même, on estime que les chants des baleines portent à des centaines de km, et les sous-marins détectent le bruit des hélices de navires à des distances du même ordre (*Le lotus bleu*, Hergé).

Une bonne image du phénomène est celle de la chaîne des maçons se passant des briques : les briques circulent de mains en mains d'un bout à l'autre de la chaîne et pourtant les maçons ne bougent pas. Seuls leurs bras oscillent, de droite à gauche, avec une brique, puis de gauche à droite, sans brique.

Accélérons le mouvement !

La transmission vibratoire de l'énergie mécanique n'est pas, et de loin, la plus importante dans la nature.
Nous avons vu (p. 16) que les charges électriques se signalaient par un champ. Le physicien danois Christian Œrsted (1777-1851) découvre en 1820 qu'un déplace-

Les ondes courtes émises par le radar se réfléchissent sur l'objet visé. Une partie de l'énergie qu'elles véhiculent se réfléchit, exactement de la même manière que les obstacles réfléchissent la lumière des phares de voiture. L'antenne capte les ondes réfléchies, comme le fait l'œil pour la lumière. Mais, à la différence de la lumière, on sait mesurer le temps de l'aller et retour des ondes courtes, donc la distance nous séparant de l'objet et c'est là tout l'intérêt du radar.

ment électrique se traduisait par l'apparition d'un autre champ : le *champ magnétique*. Celui-là aussi, nous le connaissons bien : c'est lui qui oriente l'aiguille d'une boussole.

L'ensemble de ces deux champs liés l'un à l'autre forme le *champ électromagnétique*, dont l'importance est essentielle.

Comme le champ gravitationnel, qui nous signale la présence de masses, le champ électromagnétique baigne tout l'Univers et nous indique la présence de charges en mouvement.

Tout déplacement de charge électrique est sensible partout : une oscillation engendrée n'importe où se propage dans le champ, tout comme la vibration sonore le faisait dans l'air, mais beaucoup plus vite.

L'ensemble de ce système de vibrations est appelé *rayonnement électromagnétique*.

Ce mot recouvre une gamme très large : depuis les ondes longues de radio jusqu'aux rayons cosmiques, en passant par la lumière. D'où son importance : il véhicule l'essentiel de l'énergie émise par ces brasiers nucléaires que sont les étoiles, et tout particulièrement, notre Soleil.

Évidemment, la brique de notre précédente image est devenue minuscule ! Mais la frénésie des maçons est démentielle. Leurs bras gigotent des centaines de milliards de fois chaque seconde et leurs mini-briques volent à 300 000 kilomètres par seconde (1,08 milliard de kilomètres par heure). L'énergie ainsi transmise peut alors être gigantesque.

La masse de la lumière

Ceci a une conséquence surprenante : puisqu'elle porte de l'énergie, la lumière a une masse. La preuve en a été apportée lors d'un passage de la planète Mercure derrière le Soleil : au moment où la planète allait disparaître derrière lui, les rayons de lumière qu'elle envoyait rasaient sa surface et sa masse énorme les attirait et les déviait d'une quantité égale à celle prévue par Einstein : la démonstration de l'identité de la masse et de la matière était ainsi faite. C'est ce que les astrophysiciens appellent le phénomène de *loupe gravitationnelle*.

Mais il y a plus surprenant encore. Imaginons un astre mille fois plus gros que notre Soleil ; son pouvoir d'attraction, son champ de gravitation peut être si intense qu'il ne se contente plus de dévier les rayons lumineux mais qu'il les fait retom-

Un laser (*Light Amplification by Stimulated Emission of Radiations*) est un faisceau très dense d'énergie rayonnante capable de percer des métaux, voire, un jour, de détruire des missiles en plein vol : ce serait la "guerre des étoiles ".

ber sur lui, qu'il les empêche de s'évader dans l'Univers et donc de nous parvenir. C'est là le phénomène popularisé sous le nom de *trou noir*.

L'électricité

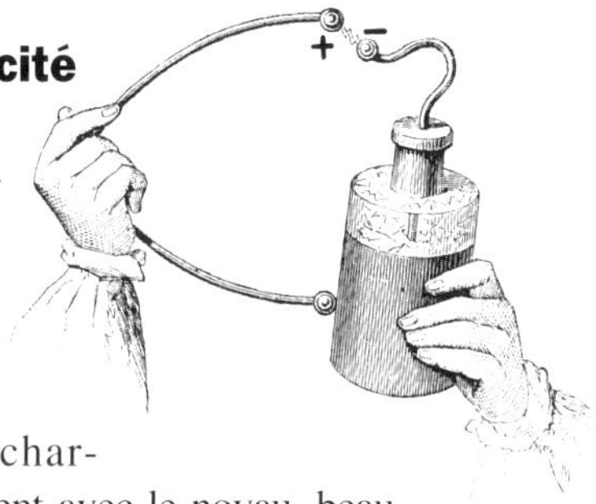

Les électrons, légères particules électriquement chargées, forment avec le noyau, beaucoup plus lourd, les atomes de la matière et ils sont donc omniprésents (p. 25). Nous avons expliqué sommairement l'énergie électrique comme une circulation de ces électrons que nous appelons familièrement un *courant*. On en conclut immédiatement qu'il y a de l'énergie qui se transporte et l'électricité est bien un vecteur. Elle a des points communs avec le rayonnement électromagnétique : elle se propage aussi vite que lui et, aussi impalpable que lui, on ne sait pas la stocker directement comme de l'eau, du pétrole ou de l'uranium.

Quand la circulation devient difficile

Nous avons entrevu que la circulation des électrons, c'est-à-dire le courant électrique, pouvait être gênée par les atomes dans les matériaux que nous avions baptisés *résistants*.

L'électron est très petit et électriquement chargé (négativement). Plus on veut en stocker, plus il faut les "tasser" les uns contre les autres, et plus ils ont tendance à se repousser comme le veut la loi de Coulomb (p. 16) ! La bouteille de Leyde (du nom de la ville hollandaise où elle a été inventée au XVIIe siècle) est recouverte sur ses faces externe et interne de minces feuilles d'étain. Si l'on porte la feuille externe à un potentiel positif, les électrons ainsi attirés viendront se presser sur la feuille interne : d'où le nom de *bouteille*, sous-entendu à électrons, donné à cet engin dont la capacité énergétique reste... microscopique.

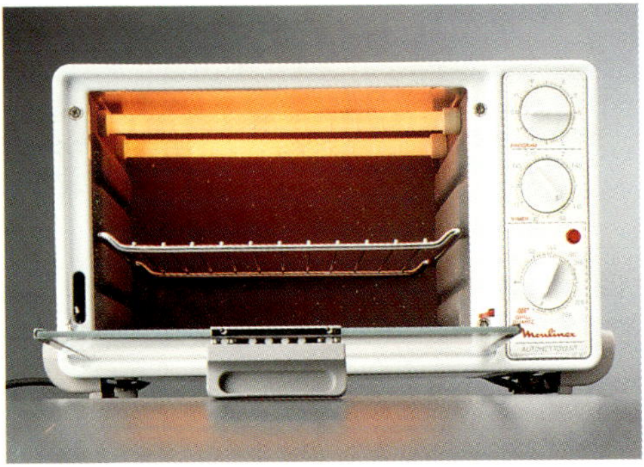

Radiateurs, sèche-cheveux ou four comportent des *résistances* : c'est *le* moyen de faire de la chaleur avec de l'électricité.

Cette gêne se traduit par une perte d'énergie. Perte d'énergie ? l'énergie ne se perd pas, elle se dégrade en se désorganisant, en se transformant en chaleur.

Un usage plus raffiné

Ceci est évidemment simple. Et l'usage de l'énergie électrique dans la chimie l'est tout autant, du moins en théorie. À partir du moment où nous savons que toutes les combinaisons d'atomes sont dues aux électrons que ces atomes échangent entre eux, il est facile d'imaginer qu'un courant d'électrons, bien dosé, pourra modifier ces combinaisons et nous permettre ainsi de faire de la chimie, baptisée *électrochimie* pour la circonstance ; la production d'aluminium ou de chlore est un exemple industriel de ce type de chimie.
Mais, réciproquement, on constate que des couples bien choisis d'atomes peuvent créer des courants d'électrons en se combinant les uns aux autres.

C'est d'ailleurs comme cela que le physicien italien Alessandro Volta (1745-1827) construisit la première *pile électrique* en 1800, à l'origine d'une nombreuse progéniture que nous utilisons couramment aujourd'hui.

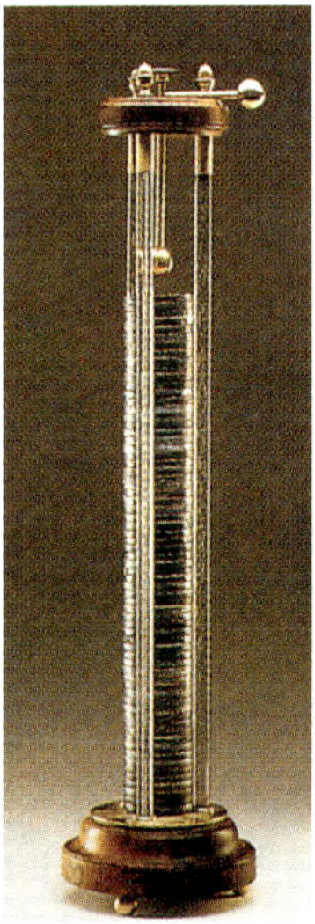

Lorsque l'on choisit bien ses atomes, comme sut le faire le physicien français Gaston Planté (1834-1889) au milieu du XIXe siècle, on peut, à l'inverse, retrouver le couple initial quand on envoie du courant dans la pile déchargée : c'est ce que nous appelons un *accumulateur. Un accumulateur ne stocke pas de l'électricité, mais un couple chimique susceptible d'en produire.*

Pour étudier l'origine des contractions musculaires, Volta fut amené à empiler – d'où le nom de *pile* donné à ces engins – des paires de disques, l'un de cuivre et l'autre de zinc, chaque paire étant séparée de la suivante par des pièces de tissu imprégnées d'eau salée censées représenter la chair. Nous savons aujourd'hui que l'énergie électrique provenait de l'oxydation inégale du cuivre et du zinc par l'eau salée. Mais Volta lui-même ne le sut jamais !

La batterie de voiture, expression raccourcie pour *batterie d'accumulateur*, est l'application de très loin la plus répandue des accumulateurs.

Bouclons la boucle !

Comment l'électricité peut elle être un vecteur de l'énergie mécanique, celle qui importe le plus ? Puisque les charges s'attirent ou se repoussent, on pourrait essayer de se servir de ces forces pour leur faire produire un travail, donc de l'énergie mécanique. Malheureusement, nous venons de voir que nous ne savons pas accumuler des quantités importantes d'électrons, donc obtenir des forces suffisantes pour être exploitables. Fort heureusement, nous pouvons utiliser le champ magnétique. Le physicien danois Christian Œrsted a découvert en 1820 que le flux d'électrons, le courant électrique, nous envoie un signal, le champ magnétique (p. 54). Si nous faisons une boucle avec un fil conduisant le courant, l'expérience nous apprend que le champ magnétique est perpendiculaire à cette boucle, qu'il est d'autant plus fort que le courant est intense, qu'on peut distinguer un pôle nord d'un pôle sud et, qu'enfin, les pôles de même nom se repoussent et les pôles de nom contraire s'attirent.

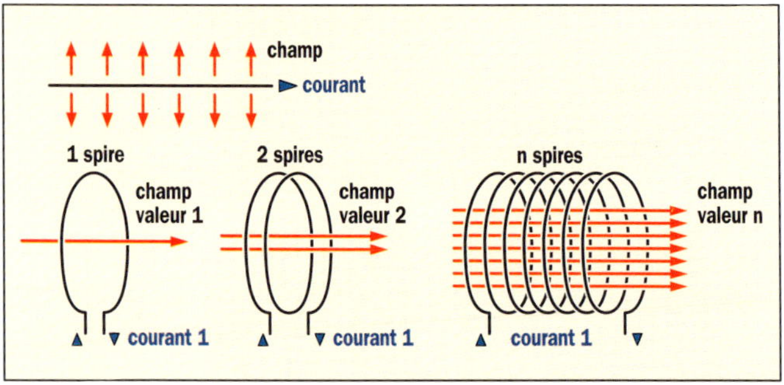

Nous tenons la solution de notre problème : en empilant un grand nombre de boucles les unes sur les autres, ce qui revient à faire une *bobine,* et en y faisant passer un grand flux d'électrons, un fort courant, nous construisons un *électroaimant* qui donnera des champs magnétiques d'autant plus forts que le nombre de boucles sera grand et le courant intense. Installons deux de ces électroaimants l'un en face de l'autre, et ils s'attireront ou se repousseront, créant ainsi des forces, du travail, de l'énergie mécanique en quantité exploitable.

Dès les années 1930, les physiciens éprouvèrent le besoin d'électro-aimants de plus en plus puissants.

Celui du Laboratoire Bellevue, à Meudon (banlieue parisienne), avec ces proportions considérables détint quelque temps le record mondial.

L'électricité est donc aussi un vecteur d'énergie mécanique.

L'expérience nous montre enfin que, comme dans le cas de la chimie, le système est réversible : si on force une bobine à se déplacer dans un champ magnétique, les électrons qu'elle contient seront poussés à une extrémité, créant un champ électrique, une tension.

Comme une variation du champ électrique crée un champ magnétique, la variation d'un champ magnétique crée un champ électrique.

Les vibrations électriques

Dans les phénomènes qui viennent d'être décrits, les électrons coulent de manière continue dans les conducteurs comme l'eau dans les tuyaux d'où le nom de *courant continu* qu'on utilise dans ce cas. Et pourtant notre courant habituel est dit *alternatif* parce que le sens de son écoulement s'inverse cinquante fois par seconde. Pourquoi ?

La raison en est essentiellement pratique.

Pendant trois quarts de siècle, on n'a su produire du courant qu'à partir des piles chimiques, bien perfectionnées depuis Volta.

Elles avaient trois inconvénients majeurs :

– elles s'usaient rapidement,elles coûtaient cher ;

– les réactions chimiques qu'elles utilisaient ne pouvaient donner qu'un champ faible, une faible tension.

Or les matériaux qui nous servent à faire circuler les électrons ne sont jamais des conducteurs parfaits et nous perdons en route une partie de l'énergie. L'expérience nous montre que cette perte est évidemment proportionnelle à la distance à parcourir, mais plus encore à l'intensité du flux d'électrons (à son carré pour être exact).

Comme le flux d'énergie transmis (la *puissance*, P) est égale au produit de l'intensité du flux d'électrons (le *courant*, i) par la force du champ (la *tension*, T) ($P = iT$), si l'on veut transporter beaucoup d'énergie à une grande distance sans trop de pertes, il faut disposer de la plus grande tension possible.
On peut évidemment aligner les piles les unes derrière les autres : avec 250 000 piles du commerce, on peut faire aussi bien que les lignes à haute tension, mais ce n'est évidemment ni pratique ni économique.
Et reste le problème de l'utilisation à l'arrivée : comment réduire cette tension pour la rendre utilisable chez le client ?
La mise au point, en 1875, de la machine dynamoélectrique, plus familièrement connue sous le nom de *dynamo,* par un ouvrier rampiste belge, Zénobe Gramme (1826-1901), permettait de transformer l'énergie mécanique des chutes d'eau ou des machines à vapeur en courant électrique continu de manière infiniment plus économique que les piles. Mais le problème se trouvait résolu de manière négative : la tension maximale était fixée par l'architecture même de cette machine et ne pouvait être très élevée. L'avenir de l'électricité comme vecteur énergétique se présentait fort mal.

De l'intérêt de s'agiter

C'est alors qu'intervint l'*alternatif,* qui apporte la solution complète de notre problème.

Reprenons notre bobine de tout à l'heure. Faisons-y circuler un courant et nous créons ainsi un champ magnétique dans l'axe de la bobine. Plaçons en face d'elle une autre bobine. Si le courant est constant, comme celui fourni par une pile, il ne se passe rien car il n'y a pas de variations de ce champ. Mais si le courant est variable, le champ magnétique produit l'est aussi et la deuxième bobine réagit en créant un champ électrique, une tension, également variable. C'est ce qu'on appelle l'effet d'*induction*, qui fut découvert par le physicien anglais Michael Faraday (1791-1867) en 1831.

Qu'est ce que cela nous apporte ? La solution à nos problèmes !

Revenons à notre point de départ. Chaque spire de la première bobine fabrique un petit champ magnétique variable. Le champ de la bobine tout entière est l'addition des champs de toutes les spires.

Réciproquement, le champ électrique, c'est-à-dire la tension aux extrémités de la deuxième bobine, est l'addition des tensions de chacune des spires ; elle est donc proportionnelle au nombre de ses spires. En jouant sur ce nombre, on peut donc amener la tension de tout courant variable, alternatif, à la valeur que nous souhaitons.

Nous venons d'inventer le *transformateur* qui a donné au vecteur électrique une souplesse extraordinaire et qui a surtout rendu possible le transport sur grande distance et la construction des réseaux qui relient entre eux les centres de production aux utilisateurs.

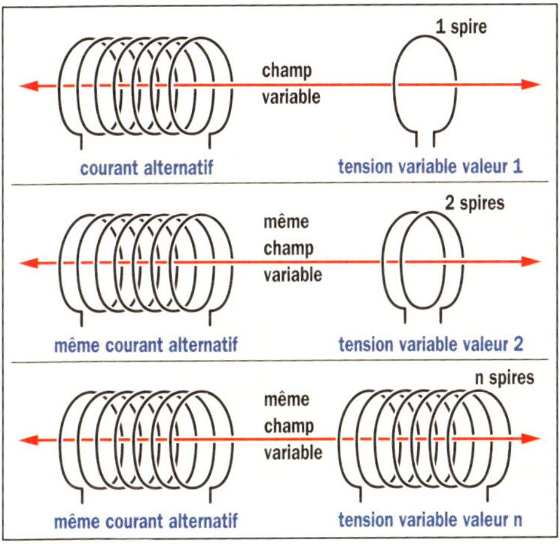

S'il y a N_1 spires dans la première bobine et N_2 dans la seconde, le rapport de tension entre les deux circuits est : N_2/N_1. Entre les lignes à très haute tension qui transportent l'énergie électrique d'un bout à l'autre de l'Europe et les utilisateurs, il faut interposer de nombreux transformateurs dont la puissance atteint plusieurs centaines de milliers de kilowatts et la masse quelques centaines de tonnes.

▲ En résumé, l'homme a appris avec le temps à maîtriser les sources naturelles d'énergie, puis les différents vecteurs qui en permettent une bonne utilisation, et enfin, grâce à l'électricité alternative, à la transporter et à la distribuer partout. Mais il ne faut pas oublier que tout se fait sur la base d'échanges entre les différents systèmes de l'Univers.

Tout événement majeur dans un réseau énergétique a des répercussions sur tout ce qui l'entoure.

C'est ce que va montrer l'histoire. ■

Arago
Sadi Carnot
J. Watt
Cavendish
Oersteadt
Fourier
Joule
Denis Papin
Priestley
Ohm
Volta

Chapitre 4

LA LONGUE MARCHE ÉNERGÉTIQUE

Certes, l'histoire ne s'écrit pas seulement en termes de technologie énergétique. Mais seule la maîtrise progressive de l'énergie a permis à l'humanité de survivre dans son combat incessant contre la nature, et constitue toujours la base de toutes les civilisations.

Fresque de Raoul Dufy, *La fée électricité*. Détail : *La conquête de l'énergie*.

De l'âge de pierre aux premières civilisations

La seule source d'énergie des premiers humains a été, bien évidemment, la force musculaire. Très vite nos ancêtres ont constaté que l'on pouvait, par ce seul moyen, produire de la chaleur : silex que l'on frappe, pièce de bois que l'on frotte, tout cela pouvait engendrer le feu, et nous connaissons l'importance de cette découverte.

En revanche, la faiblesse de leurs ressources les a contraints à utiliser des procédés consommant le moins possible d'énergie.

– D'où la pratique de la culture sur brûlis : en mettant le feu sur une terre, on peut semer directement sur les cendres, qui servent d'engrais, sans avoir à labourer et on peut ainsi effectuer deux récoltes avant d'être obligé de brûler un autre lopin de forêt. Une famille néolithique vivant sur deux hectares de clairière brûlait ainsi chaque année cinquante tonnes de bois sans aucun usage énergétique.

– D'où, également, la recherche d'outils de plus en plus perfectionnés : tranchants pour couper ce que les mains ne peuvent casser, ce que les dents ne peuvent déchirer, leviers pour déplacer les charges lourdes, manches permettant d'accroître l'énergie d'une houe, d'une hache, d'un casse-tête, roue, enfin, aux usages innombrables.

– D'où, enfin, la domestication de certains animaux, fournisseurs d'énergie chimique alimentaire, de force mécanique et de matières premières.

Le feu, l'outil emmanché, la roue, l'animal domestique, voilà les inventions de base qui, avec les rites funéraires, distinguaient nos ancêtres des primates supérieurs. Consommant peu d'énergie, ils en gaspillaient pourtant d'énormes quantités sans le savoir.

À l'époque paléolithique, la seule énergie disponible était le travail humain, qu'on associait au feu lorsque c'était possible, par exemple pour creuser une pirogue dans un tronc d'arbre.

Le règne des énergies renouvelables

L'invention de la charrue, d'abord tirée par des hommes, puis par des animaux domestiqués, a fait disparaître dans nos régions la culture sur brûlis.
Le bois fut de plus en plus utilisé comme matériau de construction et devint le moyen de chauffage universel.

Au Moyen Âge, la brique cuite au feu de bois remplace la brique séchée au soleil, la chaux est le premier des ciments, et le bois permet de construire des échafaudages, des machines simples et des charpentes. Mais tout ceci était déjà connu des Grecs et des Romains. Ici, *La Tour de Babel* (détail) par Bruegel l'Ancien.

Son usage fit naître la première vague industrielle, celle de la brique, de la chaux, du verre, du bronze et, enfin, du fer.
Que pouvait représenter, en volume, l'usage du bois au XVIIIe siècle, à la fin de cette évolution millénaire ?
En 1796, une France de 28 millions d'habitants consommait 40 millions de stères (m^3) de bois, dont 20 % était importé d'Allemagne et de Suisse en particulier. Chaque Français brûlait 1,4 stère par an, ce qui équivaut à 300 kilogrammes de pétrole. Il lui fallait environ 500 stères – 100 tonnes de pétrole – pour faire une tonne de fer. On tirait du bois de la chaleur, mais aucune énergie.

Cependant, l'homme avait appris à utiliser le vent et l'eau. Le vent propulsait les navires et actionnait les moulins.
Comme il est extrêmement variable, on l'utilisait surtout pour des productions stockables : pompage de l'eau et mouture des grains.

Mais si l'importance énergétique du vent est faible, il ne faut pas oublier celle qu'il a eue sur les communications. Ce sont les voiliers espagnols, portugais et autres qui ont fait les "grandes découvertes" et ont ouvert le monde aux Européens.
De son côté, l'eau entraînait moulins et forges et fournissait l'énergie mécanique nécessaire à beaucoup de petites activités artisanales.

L'une des applications les plus anciennes des moulins à vent a été l'assèchement des polders hollandais afin de gagner des surfaces cultivables.

Vauban avait recensé en France 80 500 moulins à eau en 1694. Il y en avait encore 70 000 en 1890 et 33 000 en 1933. Leur puissance à la fin du XVIIe siècle était de l'ordre de 600 000 kilowatts, c'est-à-dire l'équivalent de 6 millions d'esclaves (la puissance d'un homme ne dépasse pas le dixième de kilowatt). Chacun des 21 millions de Français de cette époque disposait donc d'un tiers d'esclave mécanique. De nos jours, les centrales hydrauliques, en France, représentent trente fois plus !

Le château de Versailles manquant d'eau, on construisit à Marly, tout proche, un grand moulin à eau dont la fonction était d'élever l'eau de la Seine jusque sur le plateau de Marly par le biais de pompes échelonnées le long de la colline et mues par des leviers et des chaînes très complexes dont les plans ne sont pas parvenus jusqu'à nous.

La grande transition

Malgré la disparition des brûlis, l'accroissement constant de la population et de ses besoins faisait peser sur les forêts une charge de plus en plus lourde.

On a vu que, dès 1796, les forêts françaises ne suffisaient plus aux besoins du pays.
Mais c'est en Angleterre que la régression des forêts eut les effets les plus précoces et les plus graves.
Dès le début du XVIIe siècle, les Anglais durent importer leur bois d'œuvre, indispensable pour la construction des maisons et des navires. Bientôt, les maigres taillis ne suffisant plus à alimenter les cheminées de leur "home", les plus pauvres furent contraints de brûler du "charbon de terre", sale et puant.

La mine de houille de cette époque ne différait en rien des mines d'autres matières. Elles étaient peu profondes mais

En 1750, l'extraction de ce dernier atteignait 5 millions de tonnes, soit 800 kilogrammes par habitant.
La fabrication de fer, cependant, exigeait toujours d'énormes quantités de charbon de bois, la houille rendant le fer cassant et inutilisable puisqu'elle renferme en effet du soufre et des impuretés.

on y rencontrait les mêmes problèmes d'éboulement, de ventilation, d'inondation et les mineurs travaillaient dans des conditions épouvantables.

L'orgueilleuse Angleterre devenait dépendante du bois, du fer et même des navires qu'elle importait de ses colonies américaines ! Trois générations de Darby, tous pasteurs, vont inventer et mettre au point la fabrication du coke et le four "à réverbère", éliminant le charbon de bois. À la fin du XVIIIe siècle, la houille devint ainsi le *moteur* de l'industrie naissante, assurant la suprématie un instant menacée de l'Angleterre – moteur au sens propre, c'est-à-dire producteur d'énergie mécanique.

Norias et moulins à vent ne suffisaient plus à évacuer l'eau qui envahissait les puits de mine de plus en plus profonds. Il fallait trouver une source d'énergie mécanique, un *moteur*, plus puissant.

Lorsqu'on souffle de l'air sur la fonte en fusion, le carbone qu'elle contient brûle en laissant une écume de fer pur. Ce fer est solide car il fond à une plus haute température que la fonte et il flotte à sa surface. Les "puddlers", plus ou moins bien protégés de la chaleur par des tabliers de cuir (à gauche), regroupent ces îlots de fer en un bloc, la "loupe", à l'aide de grandes tiges de fer, les "ringards". La loupe sera ensuite forgée pour la rendre homogène et chasser les impuretés.

La “pompe à feu”, enfant de Denis Papin, Newcomen et Watt, fut ce premier moteur, transformant une toute petite partie de la chaleur produite par la combustion de la houille en énergie mécanique, lui permettant ainsi d’assécher les mines de charbon de l’Écosse au Pays de Galles, leur rendant la vie.
Pour la première fois, l’homme *fabriquait* de l’énergie mécanique. Ce ne fut pas pour autant une brutale révolution. L’inertie des traditions, la difficulté de se procurer du charbon bon marché, compte tenu de la lenteur et du coût des transports par bachots ou par charrettes, ou tout simplement de la disponibilité de grandes quantités de bois, tout cela faisait qu’on ne passait à la houille que quand on ne pouvait plus faire autrement.

Les premières “pompes à feu” justifiaient parfaitement leur nom car leur rôle unique était d’épuiser l’eau qui menaçait d’envahir les mines. C’étaient des engins de grande taille, au fonctionnement très lent, et qui consommaient des quantités considérables de cette houille qu’elles aidaient à extraire.

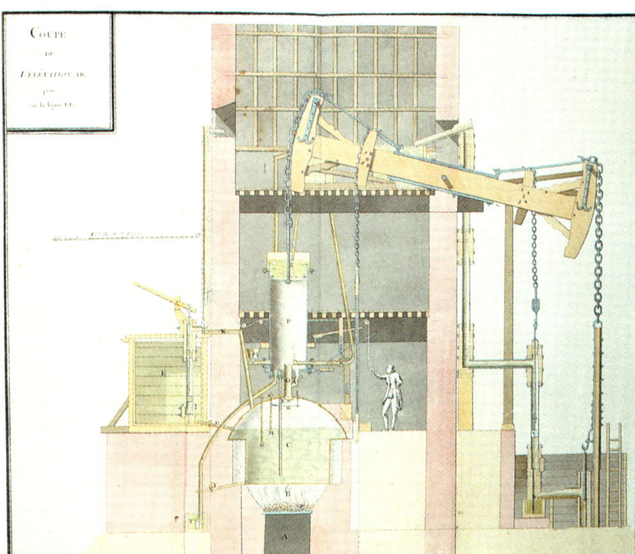

Pourtant riches en houille, les États-Unis, par exemple, très riches aussi en forêts, consommaient en 1860, sous forme de bois, plus de matières premières “énergétiques” par habitant que la France en 1974 !

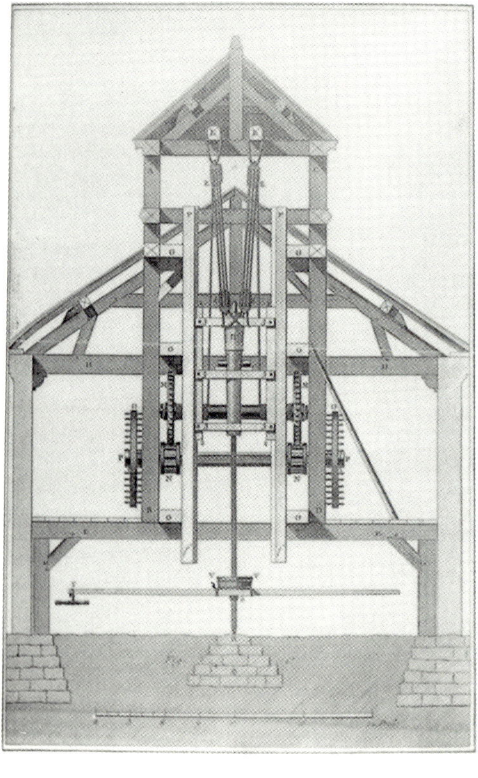

Avant l'avènement de la machine à feu, l'énergie mécanique disponible était très faible et on ne pouvait donc "usiner" que de très petites pièces, le plus souvent à la main. Il suffit pour s'en convaincre de voir, sur cette planche de l'*Encyclopédie* de Diderot, quel tour de force il fallait accomplir pour percer l'âme d'un canon (placé au centre du chassis, en *H*).

Cependant la production d’énergie mécanique restait très faible dans ce pays, car la plus grande partie de ce bois servait à la construction, au chauffage ou à la fabrication de charbon de bois pour l’industrie métallurgique ou chimique.

Il faudra deux siècles, et le triomphe du chemin de fer, pour que les sources fossiles supplantent les autres.

Naissance et triomphe de l'énergie "artificielle"

La machine à vapeur, première utilisation énergétique de la chaleur, mit elle aussi deux siècles pour devenir le seul moteur utilisé par l'homme. L'accroissement continu de la taille de ces machines, la réduction de leur coût et de leur consommation a modifié progressivement, mais totalement, les modes de production anciens.
La forge, avec ses "martinets" (ses marteaux) actionnés par des moulins à eau, ne pouvait produire que des barres ou des plaques de petite dimension.
À la même époque, la coulée d'un métal fondu dans un moule était relativement facile et elle permit pendant longtemps au bronze de tenir la dragée haute au fer. Le bronze fond, en effet, à une température qui varie avec sa composition mais qui reste inférieure à 1 000 °C, alors que le fer, lui, fond à 1 500 °C. Il fallait donc forger et usiner les objets en fer, avec toutes les difficultés signalées. Ceci explique, en particulier, pourquoi les canons français de la guerre de 1870 étaient encore en bronze.
Toute la structure industrielle va se trouver bouleversée par l'arrivée massive d'énergie mécanique bon marché fournie par la machine à vapeur :

– les procédés vont changer, le génie mécanique prenant le pas sur les arts du feu, l'usinage sur la coulée ;
– ateliers et fabriques vont quitter la forêt et les bords des rivières pour se regrouper sur les bassins houillers, se concentrer autour des grosses machines à feu, dont l'énergie mécanique, transmise par arbres et courroies, ne pouvait aller très loin ;
– la taille et le coût de ces machines les rendaient inaccessibles aux artisans traditionnels et ouvrait la porte au capitalisme industriel dont le XIXe siècle finissant verra le triomphe ;
– enfin, mise sur roues, cette machine révolutionnera les transports terrestres avec le chemin de fer.

La *Long boiler* de Robert Stephenson d'un poids de 18,3 tonnes. Certaines versions *Buddicom* de 1843, modifiées et fabriquées à Sotteville-les-Rouen, étaient encore en service en 1910.

Au-delà des conséquences sociales de cette évolution qui s'accélérera jusqu'à la fin du siècle dernier, la substitution du charbon au

bois et de l'énergie mécanique à la chaleur a permis à l'Europe de ne pas suivre le trajet désastreux de régions entières, comme le Moyen-Orient.
Techniquement et scientifiquement aussi développé que l'Europe chrétienne à la Renaissance, il n'a pas pu résister à l'impact de la démographie sur un sol de plus en plus désertifié. Ignorant la machine à vapeur et n'ayant donc pas pu maîtriser l'énergie mécanique, il continuait à consommer sous forme de bois dix fois, cent fois plus que ce que l'Europe brûlait en charbon pour les mêmes besoins.

CARNOT, LE VISIONNAIRE

■ Voilà ce qu'écrivait Sadi Carnot à propos de la machine à vapeur en 1824, presque cent ans après sa première apparition :
"Elle semble devoir un jour servir de moteur universel et obtenir la préférence sur la force des animaux, les chutes d'eau et les courants d'air. Elle a, sur le premier de ces moteurs, l'avantage de l'économie ; sur les deux autres, l'avantage inappréciable de pouvoir s'employer en tous temps et en tous lieux, et de ne jamais souffrir d'interruption dans son travail.
Si quelque jour les perfectionnements de la machine à feu s'étendent assez loin pour la rendre peu coûteuse en établissement et en combustible, elle réunira toutes les qualités désirables, et fera prendre aux arts industriels un essor dont il serait difficile de prévoir toute l'étendue.
Non seulement, en effet, un moteur puissant et commode que l'on peut se procurer ou transporter partout, se substitue aux moteurs en usage ; mais il fait prendre aux arts où on l'applique une extension rapide. Il peut même créer des arts entièrement nouveaux."

Les immenses forêts de cèdres du Liban n'étaient plus en état d'alimenter les chantiers navals de Beyrouth, pas plus que les aciéries millénaires de Damas : elles avaient tout simplement disparu !

L'explosion technologique

Les deux premiers tiers de notre siècle ont connu trois révolutions simultanées :

– le moteur à explosion, première utilisation du pétrole à des fins énergétiques, et sa conséquence la plus importante, l'automobile, qui donne à chacun une mobilité jusqu'alors inconnue ;

Voiturette Renault 1898 équipée d'un moteur De Dion-Bouton à refroidissement par air, d'une puissance de 1,75 cv ; elle disposait de trois vitesses dont une prise directe ; sa vitesse maximum était de 36 km/h.

– le vecteur électrique qui transporte au loin l'énergie produite dans un lieu centralisé, puis la répartit et la divise à l'infini ;

– le développement des télécommunications.

Le successeur de Bakounine à la tête du mouvement anarchiste, Pierre Kropotkine, écrivait dans *La conquête du pain*, en 1892 : “La production dans de grands établissements n’est pas réellement avantageuse, elle est seulement suscitée par les bas salaires. La diffusion de l’énergie électrique entraînera un retour aux petites unités de production.”

En fait, ce n’est pas tout à fait ce qui s’est passé. Les hommes sont restés là où l’industrie du XIXe siècle les avaient amenés, mais l’automobile leur permet d’habiter ou de se promener ailleurs. Seules les industries les plus récentes, non liées aux implantations anciennes, ont essaimé un peu partout. L’essor de la Californie en est un exemple spectaculaire. Mais là où Kropotkine a eu indirectement raison, c’est qu’il est exact que beaucoup d’artisans et de petits ateliers n’ont pu survivre, voire prospérer, que par l’arrivée à domicile de l’énergie électrique et par les liaisons faciles qu’offrent l’automobile et les télécommunications.

Enfin, l’électricité par sa divisibilité, la multitude de ses usages et la facilité de son contrôle a bouleversé, et continue de bouleverser, les processus de fabrication.

Un bilan nécessaire

Il ne faudrait pas croire que toutes les matières combustibles extraites du sol aient comme seule utilisation la production d’énergie.

Les transports routiers sont les plus gros consommateurs de produits pétroliers (en France : 45 millions de tonnes en 1992). La surconsommation dans les embouteillages est une cause importante de gaspillage énergétique.

Jusqu'en 1973, la découverte constante de nouvelles ressources entraînait un développement fulgurant du pétrole bon marché. De 1960 à 1972, le coût du fuel alimentant les centrales électriques avait baissé de moitié, et les optimistes prévoyaient encore une division des prix par deux d'ici à la fin du siècle.

Les conséquences de cette opulence trompeuse furent catastrophiques :

– absence de motivation dans la recherche des économies d'énergie ;

– développement rapide des centrales électriques à fuel au détriment du charbon, de l'hydraulique et du nucléaire ;
– développement exponentiel du transport automobile à la place du chemin de fer et de la voie d'eau ;
– maintien de solutions thermiques simples dans les processus industriels, le faible prix des combustibles ne justifiant plus les méthodes efficaces. Dans ces conditions :
– 48 % des combustibles étaient utilisés pour faire de l'énergie,
– 35 % ne fournissaient que de la chaleur,
– 7 % des matériaux de base étaient utilisés pour la chimie,
– le reste, environ 10 %, était perdu dans les transformations : pertes de raffinage, fuites de gaz, pertes dans les lignes électriques, consommation propre des mines…

▲ En résumé, si, tout compte fait, nos ancêtres disposaient d'un quart d'esclave mécanique chacun, en 1992, chacun d'entre nous en utilise une cinquantaine.

Mais plus que le volume global d'énergie disponible, c'est la possibilité de la transporter, de la diviser et de la réguler de plus en plus finement qui est la marque de notre situation présente. ■

Chapitre 5

INVENTAIRE : RESSOURCES LIMITÉES

Les crises pétrolières n'étaient pas dues, jusqu'à ce jour, à un manque physique de combustibles. Mais l'analyse des ressources énergétiques ne permet pas un trop grand optimisme et les crises à venir risquent d'être plus profondes et plus durables.

Georges de La Tour (1640) "Madeleine". Combien de temps la flamme pourra-t-elle entretenir la vie ?

Les ressources fossiles

Jusqu'en 1973, l'énergie ne paraissait pas poser le moindre problème : le pétrole était abondant et son prix, déjà inférieur à celui du charbon, ne cessait de baisser ; le nucléaire se développait à toute allure et beaucoup de futurologues n'hésitaient pas à évoquer une future gratuité de l'énergie.

Le premier forage pétrolier est effectué en Pennsylvanie (vallée d'Oil Creek) le 27 août 1859. C'est le début de *la ruée vers l'or noir.*

LES RESSOURCES FOSSILES

■ Les énergéticiens ont l'habitude d'exprimer les grandes masses énergétiques en *tep*, c'est-à-dire *tonne d'équivalent pétrole*. C'est une unité tout à fait hétérodoxe qui permet seulement de comparer des combustibles entre eux. Il faut, par exemple, 1,5 tonne de charbon pour obtenir autant de chaleur qu'1 tonne de pétrole : on en déduit qu'1 tonne de charbon vaut 0,66 tep. On utilise aussi la *gigatep* – *Gtep* – qui vaut 1 milliard de tep.

Dans cette unité, les réserves sont évaluées à :

• Charbon : minimales 500 Gtep
maximales : 5 000 Gtep (en y incluant le lignite)

• Pétrole : minimales 100 Gtep
maximales 300 Gtep ; on peut compter le double en y incluant les bitumes et autres huiles extralourdes

• Gaz : minimales 100 Gtep
maximales : 200 Gtep (au moins)

• Uranium : minimales 30 Gtep
maximales : plusieurs milliers de Gtep, avec l'utilisation des "surgénérateurs".

À la cadence actuelle, elles s'épuiseront assez vite :

– 30 à 100 ans pour le pétrole, et quelques dizaines d'années de plus si on parvient à exploiter économiquement les goudrons du Venezuela et les bitumes canadiens ;
– 50 à 150 ans pour le gaz, avec l'espoir d'en tirer un peu plus des terres glacées du grand Nord ;
– 200 à 2 000 ans pour le charbon et ses cousins : lignite et tourbe ;
– un bon siècle pour l'uranium, et probablement plus si la prospection, aujourd'hui pratiquement arrêtée, redémarrait.

Ces temps nous paraissent bien lointains aujourd'hui ! La crise de 1973 a ouvert bien des yeux et de nombreuses études ont été lancées pour évaluer les ressources énergétiques dont dispose encore l'humanité.

Leurs résultats divergent en fonction du pessimisme ou de l'optimisme des rédacteurs.

Les moyens modernes de terrassement permettent de décaper les couches de charbon de la terre qui les recouvre, si l'épaisseur n'en n'est pas trop grande et si celle du charbon est suffisante. Les fosses ainsi créées peuvent atteindre 500 m de profondeur et plusieurs dizaines de km de long. Ces trous sont ensuite comblés pour rendre à la nature un aspect moins lunaire.

Un optimisme trompeur

Nous pourrions nous sentir rassurés et avoir la tentation égoïste de laisser le problème à nos successeurs. La situation n'est cependant pas si rose, et cela pour plusieurs raisons.

■ Dans l'inventaire que nous venons de faire (encadré, p. 87), toutes les ressources ne sont pas également accessibles : il y a bien du pétrole au tréfonds des mers glaciales de l'Arctique, des montagnes de charbon dans la toundra du nord de la Sibérie. Mais accepterons-nous la pollution qui résultera de cette exploitation ? Ce n'est pas sûr : les Américains ont bien fermé des mines du Middle West pour cette raison.

Et quels mineurs accepteront de s'exiler dans la Toungounska maintenant... que les goulags ont heureusement disparu ? Et à quel prix faudra-t-il les payer ?

■ Les ressources sont mal réparties sur la surface du globe. Si nous nous plaçons a l'horizon 2020, c'est-à-dire dans une génération, le Moyen-Orient disposera des trois quarts des réserves pétrolières, le Mexique, de 10 % et le reste sera réparti. À la même époque, l'ex-URSS et le Moyen-Orient posséderont 70 % des réserves gazières. Quant au charbon, son transport terrestre étant cher, seuls seront disponibles sur le marché les gisements proches de la mer, moins du dixième du total annoncé.

Il n'est donc pas difficile de prévoir les rivalités et les affrontements qui ne manqueront pas d'apparaître dans ces régions, comme nous l'avons connu, et récemment, à plusieurs reprises.

■ Ensuite, a-t-on le droit d'affirmer que la consommation restera constante dans l'avenir ? Sûrement pas !

D'abord, la poussée démographique, actuellement de 2 % par an, n'est pas contrôlable à court terme. Même si on la suppose ramenée à 1,5 % par an, le simple maintien de la consommation individuelle actuelle porterait la consommation mondiale de pétrole, par exemple, à 5 milliards de tonnes en 2020 et à 9 milliards en 2050.

Cela veut dire, dans l'hypothèse optimiste, que les réserves seront épuisées à ce moment là.

■ Enfin, peut-on croire que le tiers monde, majoritaire de manière écrasante avec 80 % de la population, toujours moteur de la croissance démographique, n'exigera pas une part croissante du gâteau énergétique ? Et de quel droit les repus d'énergie que nous sommes le lui refuserions nous ?
On constate qu'en dehors du nucléaire, dont l'importance est encore marginale, l'épuisement des ressources fossiles n'est pas si lointain.

On assiste à deux phénomènes concomitants :
– L'accroissement de la population mondiale ne se ralentit pas dans l'absolu. L'augmentation annuelle de population (80 millions de nos jours), atteindra les 100 millions dans le premier quart du prochain siècle. Ceci est dû au nombre croissant d'humains en âge de procréer.
– La faim, la guerre, attirent de plus en plus de gens dans les villes qui croissent démesurément.

Les ressources "renouvelables"

La plus ancienne, et toujours d'actualité, c'est le Soleil. On peut, à juste titre, la considérer comme illimitée : l'astre du jour déverse chaque année sur notre Terre l'équivalent de 100 000 milliards de tonnes de pétrole !
Ce torrent d'énergie rayonnante présente malheureusement de graves inconvénients :
– sa densité est faible, de l'ordre de 1 kW par m^2, dans les meilleures conditions.

– sa variabilité est grande dans le temps, avec un cycle journalier et un cycle annuel, qui font que c'est lorsque l'on en a le plus besoin, la nuit et l'hiver, qu'il nous fait défaut ! Si on ajoute à cela l'incertitude météorologique, nous sommes comblés !
– sa répartition sur la Terre est évidemment inégale : maximal entre les tropiques, le flux solaire est minimal au-delà des cercles polaires.
Son utilisation implique donc un moyen de stockage qui efface ces irrégularités.
La nature nous a montré la voie avec la *photosynthèse* : les plantes convertissent une petite fraction du rayonnement solaire qu'elles reçoivent en matières organiques. Certes, le rendement de cette transformation est minime, inférieur à 1 %, mais la surface des capteurs (les feuilles) est énorme et la production globale annuelle équivaut à 72 milliards de tonnes de pétrole.

La forêt amazonienne est un des poumons les plus importants de notre planète. La forêt fixe l'énergie solaire et décompose le gaz carbonique en produisant quantité de substances indispensables à l'homme.

Une part de cette production nourrit hommes et animaux et l'impact énergétique de cet usage indirect du Soleil est loin d'être négligeable.
Si on ajoute à cela les quelques centaines de millions de tonnes de bouse, à la fois engrais, matériau de construction et combustible, l'animal peut encore de nos jours être prépondérant du point de vue énergétique dans certaines civilisations.

L'équivalent indien de notre bougnat familier ne transporte pas de sacs de charbon, mais ici, des galettes de bouse de vache séchée, combustible très apprécié là-bas.

Une autre part se retrouve dans le bois. Matériau de construction, il est aussi une matière première pour certaines industries et surtout un combustible. Dans les civilisations les moins avancées, c'est même le seul combustible.
Associée à une démographie galopante, cette exploitation conduit à un déboisement incontrôlé suivi par une désertification des pays qui y sont soumis.

Les animaux de trait et de bât fournissent environ une centaine de millions de kW à leurs maîtres humains, l'équivalent de deux millions de voitures moyennes ! Le bois que transportent ici ces chameaux est souvent le seul combustible utilisé dans les pays les plus déshérités. La simple cuisson des aliments aux Indes nécessite, chaque année, l'équivalent de 200 kg de pétrole par habitant, le plus souvent sous forme de charbon de bois. Certains pays d'Afrique brûlent 500 kg pour le même usage !

Si on ajoute à tout ceci la mise en exploitation de nouvelles terres cultivables par le défrichement à outrance, notre conclusion doit être claire : l'usage intensif de la *biomasse* pour satisfaire les besoins énergétiques de l'homme ne pourra pas suivre l'explosion démographique, qui se fait surtout dans les pays les plus déshérités, souvent en voie de désertification.

Trois dangers menacent le Sahel, c'est-à-dire la zone semi-aride qui sépare le désert de la forêt tropicale :

– le surpaturage (l'augmentation de la population induit celle des troupeaux) ;

– les feux de brousse, provoqués par les bergers qui espèrent ainsi provoquer une repousse verte pour nourrir leurs bêtes ;

– enfin, la destruction des arbres et arbustes pour récolter le bois de feu indispensable à la cuisson des aliments.

L'alliance du Soleil et de la gravitation

Le Soleil fait évaporer l'eau des océans et, lorsque cette eau retombe en pluie sur les montagnes, nous offre une de ses filles : l'énergie hydraulique.
Moins fantasque que son père, on sait la canaliser et la stocker. Mais elle est relativement peu abondante, car il faut trouver à la fois des rivières à débit régulier, des hauteurs de chute appréciables et des clients pas trop lointains. Un inventaire récent évalue à moins d'un milliard de tonnes d'équivalent pétrole la totalité de ce que pourrait fournir ce type d'énergie chaque année, mais au prix d'investissements vertigineux.

Chutes d'Iguacu, frontière naturelle entre le Brésil et l'Argentine.

Un autre enfant du Soleil, le vent

Variant brutalement d'une seconde à l'autre, capable d'arracher les chênes séculaires, le vent ne peut fournir qu'un produit stockable : grain que l'on moud, eau que l'on pompe, à la rigueur électricité pour charger une batterie. Toutes les analyses montrent enfin que le vent n'est qu'une ressource très faible, par rapport à celles que nous venons d'évoquer. Il existe, en effet, très peu d'endroits dans le monde où l'énergie du vent atteigne 3 000 kWh par m^2 d'hélice et par an.

LA SITUATION DE LA FRANCE

■ Elle n'a jamais été très bonne. Importatrice de bois sous l'Ancien Régime, puis de charbon, de pétrole et enfin de gaz, la France est, depuis toujours, dépendante du reste du monde.
Aujourd'hui, notre consommation énergétique totale dépasse légèrement les 220 millions de tep.
• De quoi disposons nous ?
– De très peu de pétrole : nous produisons 3 millions de tonnes sur les 92 consommés.
– De très peu de charbon : nous extrayons 7,5 tep pour 14 d'importées, et nos dernières réserves de la Lorraine et de la Provence fondent comme neige au soleil.
– D'un reste de gaz : Lacq (Pyrénées-Atlantiques) s'essouffle à 2,9 millions de tep alors que le reste du monde nous en expédie 26, et notre célèbre gisement aura vécu à la fin de ce siècle.
– D'un potentiel hydraulique pratiquement épuisé : plus de 80 % des chutes sont déjà équipées, et celles qui restent sont soit hors de prix, soit attentivement surveillées par des protecteurs vigilants de sites pittoresques.
– Fort heureusement d'un gisement de 100 000 tonnes d'uranium (essentiellement autour du Massif Central), équivalent à un milliard de tonnes de pétrole dans les réacteurs actuels. C'est grâce à cette manne que nous sommes exportateurs d'électricité à hauteur de 13 millions de tep, tout en économisant l'importation de 75 millions de tep de combustibles fossiles.
• En conclusion, la France :
– dispose de 0,1 % des réserves mondiales
– fournit 0,8 % de la production mondiale
– consomme 3,2 % du total mondial.
C'est-à-dire que nous importons presque les trois quarts de nos besoins et représentons 10 % du commerce énergétique mondial : notre dépendance est quasi totale.

En supposant que la France en soit un, il faudrait y construire 150 000 grandes éoliennes de 35 mètres de diamètre pour

produire l'électricité nécessaire au réseau national : une éolienne tous les deux kilomètres sur tout le territoire !

▲ En résumé, l'évolution de l'humanité a été soutenue par l'exploitation successive des différentes ressources énergétiques disponibles sur notre Terre.

Mais l'augmentation de plus en plus rapide de nos besoins laisse planer un doute sur notre capacité à maintenir cette croissance, et même à assurer longtemps notre consommation actuelle. ■

L'usage des éoliennes n'est pas limité à la production d'électricité. Celles montrées ici sont destinées à pomper l'eau de puits destinée à l'irrigation des jardins.

Chapitre 6

UNE VISION DU FUTUR

À l'inquiétude, il faut opposer l'imagination. Les hommes n'en manquent pas et de multiples solutions ont été proposées. Toutes sont efficaces mais partiellement et à plus ou moins long terme. Toutes nécessitent des efforts considérables de recherche et de développement.

Fresque de Raoul Dufy, *La fée électricité*. Détail : *La Fée électricité éclairant le monde* et source de tous les bienfaits.

Il y a plusieurs raisons d'être légitimement inquiets :

■ L'explosion démographique va multiplier les besoins (p. 89). Il faut à ce sujet se méfier d'un raisonnement en vogue chez certains économistes. Constatant que les pays développés ont appris à produire plus de biens et de services avec moins d'énergie, il faut, disent-ils, mettre ces procédés modernes à la disposition des pays en voie de développement pour leur éviter la période de gaspillage que nous avons connue pendant un siècle et demi. C'est oublier que les premiers besoins à satisfaire, comme la production et la cuisson de nourriture, le chauffage, le logement, le vêtement, sont aussi ceux qui dépensent le plus d'énergie. Les pays développés ont une consommation faible parce qu'une part très importante de leur PIB est constituée par des objets ou des services chers, mais peu consommateurs d'énergie : télévision, hifi, photo, ordinateurs, etc. Aller au cinéma ou jouer avec le minitel n'est pas un besoin vital des pays pauvres.

■ Comme celui des matériaux énergétiques, le volume des minerais que nous utilisons, cuivre, zinc, plomb, mercure, étain, argent, etc. n'est pas infini, mais la situation est globalement moins préoccupante. Or, nous avons commencé par utiliser les minerais les plus riches, les plus proches de la surface, les moins éloignés de nous. Nous devons maintenant traiter des minerais de plus en plus pauvres, et de moins en moins faciles d'accès, partout sur la surface du globe.

Dans certaines mines de cuivre aux États-Unis (p. 101), la teneur du minerai est passée, en moins d'un siècle, de quelques pour cent à quelques pour mille ; la profondeur des mines, à plusieurs centaines de mètres, et le nombre de tonnes de terre à extraire par tonne de cuivre à plus de 500. Il ne s'agit plus ici, comme p. 88, de décaper une couche stérile pour atteindre le minerai. C'est la totalité des déblais qui constitue le minerai et qu'il faut traiter pour en extraire la minuscule part utile, le cuivre : soit 0,7 % de la masse extraite dans le cas de la mine d'Anaconda (Utah) représentée ici.

Cela veut dire qu'il nous faudra dépenser de plus en plus d'énergie à quantité égale. Que faire ?

Dépenser moins

La première idée qui vient à l'esprit, c'est évidemment de dépenser moins. Entre la misère du tiers monde et le gaspillage américain, n'y aurait-il pas la place pour une société tout aussi confortable, mais plus économe ?
Les exemples ne manquent pas : la Suède a un niveau de vie supérieur de 8 % à celui des États-Unis avec une consommation énergétique par habitant inférieure de 40 % !
La France a un niveau de vie inférieur de 20 % à celui des États-Unis, mais sa consommation énergétique par habitant est deux fois et demi plus faible.

Ceci n'est guère rassurant ; si les États-Unis ont encore beaucoup à faire en matière d'économies, il y a bien longtemps que la France à appris à se rationner. Par exemple, à production égale, la consommation de la SNCF a été divisée par 9, celle d'EDF par 2,1 et celle de la sidérurgie par 1,8 depuis 1938.
Mais il ne faudrait pas pour autant baisser les bras.

Ces deux machines représentent l'aboutissement de deux techniques opposées dans leur conception. La locomotive à vapeur (à gauche, une locomotive d'origine PO [Paris-Orléans] construite en 1922) est autonome. Elle produit elle-même son énergie mécanique directement à partir du charbon qu'elle brûle. Mais, même pour les plus modernes d'entre elles, moins de 10 % de la chaleur seulement est convertie en énergie. La locomotive électrique (à droite, une BB 9200, sur la ligne Paris-Nice, en 1967) reçoit directement son énergie par le réseau qui est alimenté par des machines de production à haut rendement. Si bien que, malgré les

Le chauffage, par exemple, est toujours une perte : nous gaspillons des matières énergétiques pour atteindre et maintenir une température différente de l'ambiante, éventuellement pour fondre ou évaporer un corps qui retrouvera un peu plus tard sa température initiale (lorsque que l'on fait sécher du linge, par exemple). Le bouchage des fuites, une bonne isolation, une régulation correcte, l'usage de processus plus économes en énergie peuvent réduire ces gaspillages de manière importante.
On peut aussi utiliser des échangeurs, voire des machines plus complexes comme les "pompes à chaleur" (p. 41) qui réduisent encore ces pertes, mais au prix d'investissements plus lourds.
Les économies imaginables rempliraient un livre entier, mais elles ne sont généralement pas gratuites, ce que l'on a volontiers tendance à oublier.

pertes de transport et celle des moteurs, c'est toujours plus de 20 % de la chaleur que l'on retrouve en énergie à la fin.

Sur cette grande turbine à vapeur qui entraîne un alternateur produisant de l'électricité, on remarque, au premier plan, des tuyauteries emmaillotées de calorifuge, alors que les grandes caisses rouges (au fond) par lesquelles s'échappe la vapeur qui a fini de travailler ne le sont pas. Le principe de Carnot (p. 38), explique que plus la source chaude est chaude, plus la part de chaleur convertie en énergie sera grande. D'où l'isolation des parties chaudes pour éviter une perte de "rendement". Pour la partie froide, c'est exactement le contraire : plus elle est froide, meilleur sera le rendement.

Dépenser autrement

Dans ce qui précède, nous avons supposé que nous conservions notre mode de vie actuel. Ne pourrions-nous pas trouver notre bonheur dans un mode de vie moins gourmand en énergie ? Pourquoi pas ?
Passons en revue les principaux besoins des hommes.

■ La nourriture

Si la quantité de nourriture absorbée par l'Occidental moyen est médicalement trop élevée, sa diversité n'a fait que croître et c'est très bien ainsi. De plus, cette diversité ne semble pas entraîner de consommation énergétique supplémentaire.

■ Le logement

Si l'aisance lui permet de les fuir, la misère agglutine les hommes en d'immenses métropoles. Le rêve de la grande majorité de ces déshérités, que l'on retrouve des *favelas* brésiliennes aux bidonvilles de chez nous, c'est la petite case individuelle et le bout de champ attenant.

L'habitat dense, les grands ensembles favorisent le chauffage urbain, mais l'habitat dispersé s'adapte mieux à la récupération de l'énergie solaire. Et n'oublions pas que Mongols, Esquimaux et Scandinaves construisent depuis longtemps des maisons individuelles, yourtes, igloos, isbas et chalets finlandais qui sont plus proches de la bouteille thermos que du pavillon à la française. La satisfaction des demandes des hommes peut donc ne pas s'accompagner d'un gaspillage d'énergie.

■ Les transports

L'automobile est un des facteurs majeurs d'indépendance de l'homme moderne. C'est aussi l'une des causes majeures du gaspillage d'une source énergétique rare : le pétrole.

D'où le plaidoyer unanime et constant pour les transports en commun, le rail ou la voie d'eau.

Les Mongols avaient un problème ardu à résoudre : comment concevoir une maison à la fois capable de protéger ses occupants des grands froids et du vent de la steppe tout en étant transportable ? La yourte, faite d'une structure légère et démontable en bois, recouverte de bandes superposées de feutre épais résout ce problème, au point que celui du chauffage devient secondaire.

Les transports en commun ne sont pas toujours les plus confortables !

Ce plaidoyer risque de n'être qu'un vœu pieux : notre civilisation a sécrété l'*Homo automobilensis* et nous ferions preuve de sagesse en faisant beaucoup d'efforts pour développer l'automobile confortable, sobre et non polluante qui satisferait cet incorrigible "rouleur" au moindre coût énergétique.

Les autres besoins

C'est probablement là que la différence entre nos ancêtres et nous est la plus grande.

Les objets modernes, même ceux qui ne se démodent pas vite, ont, eux, une durée de vie très limitée. Le réfrigérateur, par exemple, est animé par un petit compresseur, le "groupe hermétique", pratiquement inusable – mais on le jette à la décharge parce que sa carrosserie tombe en loques !

Il est donc très probable, sinon démontrable, qu'une dépense supplémentaire minime augmenterait la durée de vie de beaucoup de biens et réduirait la consommation, qu'elle soit énergétique ou autre.

La longévité des objets possédés dans les familles était autrefois considérable, pour la plus grande joie des antiquaires d'aujourd'hui.

Le matériel industriel

Cette recherche de la durée commence à être bien comprise dans d'autres domaines, comme le matériel industriel, par exemple. Les centrales électriques duraient autrefois une vingtaine d'années. Leur exploitation se poursuit aujourd'hui sur trente ans et demain sur quarante et peut-être cinquante ans.

Une plus longue durée de vie, une meilleure fiabilité, une résistance à l'usure accrue, tout cela signifie une consommation moindre, une activité industrielle et commerciale réduite, donc un développement d'autres activités qui consommeront aussi de l'énergie, mais très probablement moins que celles qu'elles remplaceront.
On peut dire, en résumé, que le type de société vers lequel tendent les pays développés sera plus économe en énergie que le mode de vie actuel, mais ceci risque de ne pas être suffisant pour satisfaire les besoins, même les plus urgents, des pays pauvres et peuplés.

Dépenser autre chose

Nous avons vu plus haut que les ressources actuelles ne permettent pas de satisfaire les besoins à moyen terme de l'humanité, soit par suite de leur épuisement, soit parce que le volume produit annuellement est insuffisant. Par quoi les remplacer ?
■ **La première idée**, c'est de **développer le nucléaire**, donc l'électricité. En 1993, le kilogramme d'uranium ne coûte qu'environ 350 F, soit 35 F la tonne de pétrole équivalente (en 1992, le pétrole valait 723 F la tonne en moyenne). Si l'uranium restait bon marché et abondant, nous aurions là la réponse à tous nos problèmes. Le programme nucléaire des années 1980 créait chaque année l'équivalent d'un bassin Lorrain ou d'un gisement de Lacq.

La centrale nucléaire de Chinon 1 : première centrale industrielle construite en France et transformée aujourd'hui en musée de l'énergie nucléaire.

Mais ce qui est certain aussi, c'est que les ressources connues d'uranium, dans le nord du Canada, le sud de l'Afrique et en Australie, pour ne citer que les plus importantes, ne sont pas d'un ordre de grandeur tel que le sursis obtenu soit de longue durée, une génération ou un peu plus !

Heureusement, les techniques nucléaires sont très jeunes, et on peut espércr disposer dans un délai raisonnable de réacteurs capables de mieux utiliser les ressources existantes. C'est le cas du "surgénérateur" par exemple, qui permettrait d'utiliser 50 fois moins d'uranium à production égale, donc de multiplier par 50 l'énergie productible.

On peut même dire que la ressource devient infinie. En effet, à dépense égale par kWh produit, on peut le payer 50 fois plus cher. À ce prix, on peut utiliser celui que contient la mer ou le granit breton.

La mer contient par exemple mille fois plus d'uranium que les réserves terrestres inventoriées aujourd'hui. Certes, la teneur est microscopique : 2 parties par milliard. Mais le volume des océans, lui, est énorme : 1,34 milliard de milliards de mètres cubes, ce qui donne environ 3 milliards de tonnes d'uranium dans l'eau de mer. On sait déjà le récupérer sur des résines échangeuses d'ions, semblables à celles qui purifient l'eau potable. Mais le prix de revient est évidemment très élevé aujourd'hui : 10 à 20 fois plus que le prix du marché !
On s'explique ainsi les efforts des techniciens pour mettre au point cette machine, ainsi que l'ensemble des procédés efficaces, sûrs et économiques permettant de se débarrasser des déchets. D'autres types sont d'ailleurs envisageables, mais l'étude de ce sujet déborderait le cadre de ce livre.

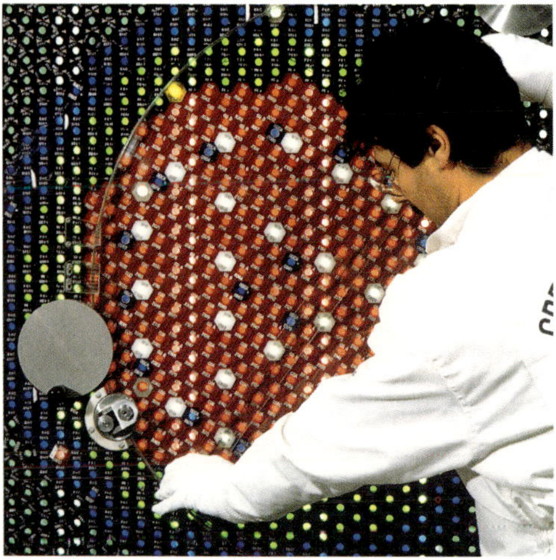

La centrale Super Phénix de Creys-Malleville : le cœur de ces réacteurs, plus dense que celui des réacteurs classiques, nécessite un suivi très précis auquel procède ce spécialiste, qui s'assure ici du positionnement exact de chaque élément combustible sur un modèle.

■ **La deuxième idée**, il vaudrait mieux dire la deuxième espérance, c'est la **fusion**. À la différence du nucléaire "classique" qui fait exploser les noyaux lourds et rares de l'uranium, la fusion, à l'origine de l'Univers, ne fait intervenir que des noyaux légers et très abondants (comme le deutérium ou, un jour peut-être, l'hydrogène). Si, dans l'esprit du grand public, le nucléaire est le mystère noir, la fusion est le mystère rose porteur des lendemains ensoleillés. Reproduire sur la Terre ce que fait le Soleil à longueur de millénaires, quel rêve !

Le seul fait d'écrire cette phrase donne la mesure du défi auquel est confrontée la communauté scientifique. Malgré les moyens mis en œuvre, rien ne permet d'affirmer aujourd'hui que cela soit possible un jour de manière utilisable.

Tenter de retrouver les conditions de température et de pression qui déclenchent le phénomène de fusion est un véritable défi. Les instruments nécessaires, gigantesques, coûtent des milliards de francs. L'expérience JET (*Joint European Torus*), la plus avancée à ce jour, ne fait pas exception à la règle.

Entre le nucléaire classique et la fusion type solaire, il y a un facteur mille à gagner sur un certain nombre de paramètres. C'est un peu comme si nous voulions passer de la vitesse du cheval à celle de la fusée interstellaire !

Rien n'est impossible à l'homme, ou presque rien : il suffit de lui donner le temps. Un siècle ou deux, est-ce trop demander à une humanité multimillénaire ? N'en doutons pas, la fusion se fera. Mais qu'il faille en attendre la réponse à nos besoins à moyen terme, ce serait folie de le croire et malhonnête de l'affirmer.

■ **Une troisième idée**, la plus populaire, est de développer **les énergies** dites **renouvelables**. Trois d'entre elles ont une importance notable.

– Le Soleil, surtout à partir de la production directe d'électricité par des *photopiles*.

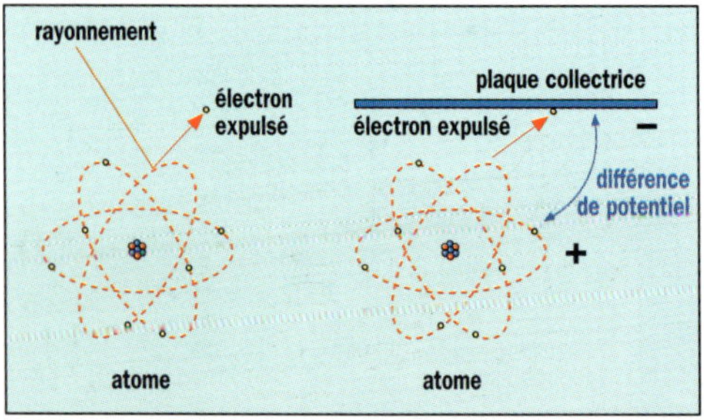

Pour l'instant, les coûts de production sont élevés, les productions faibles, mais l'évolution rapide. On trouve déjà de nombreuses applications, essentiellement dans les endroits isolés, comme les bornes télé-

Les grains de lumière, appelés "photons", que nous envoie le Soleil sont dotés d'une énergie suffisante pour libérer les électrons de l'attraction qu'exerce sur eux le noyau de l'atome autour duquel ils gravitent. Ces électrons, s'écartant des noyaux, sont récupérés sur une couche conductrice, créant ainsi un champ électrique, une tension, que l'on peut utiliser pour faire circuler un courant.

phoniques des autoroutes, ou mobiles comme les calculettes ou les voiliers. Il est peu probable, cependant, que les développements futurs conduisent à une production massive d'électricité.
Son importance peut cependant être grande dans les pays les plus secs et les plus ensoleillés, qui sont souvent les plus pauvres.
– La *géothermie profonde*. Aller récupérer la chaleur du centre de la Terre, cela ressemble à du Jules Verne. C'est pourtant une activité très ancienne sous la forme du thermalisme apprécié des Romains, puis de la production d'électricité par les Italiens du marquis François de Larderel (1789-1858), par les Américains et bien d'autres ensuite. Dans ces différents cas, on profite des fractures existantes dans des sols volcaniques pour y récupérer l'eau bouillante qui y circule.
Malheureusement, il y a peu d'endroits sur terre où cela est possible. D'où la démarche des inventeurs de ce que l'on appelle la géothermie profonde des roches sèches : on fore un trou très profond dans la croûte terrestre.

Depuis presque un siècle, et continuant en cela l'œuvre de François de Larderel, les ingénieurs italiens ont truffé le sol de la Toscane, autour de Volterra, de forages collectant la vapeur piégée dans le sous-sol de cette province.
Par un réseau spectaculaire de conduites soigneusement isolées, cette vapeur est amenée dans des centrales où elle entraîne des turbines produisant de l'électricité.

La température de la Terre croît de 3 °C par 100 mètres. On aura par exemple environ 200 °C à 6 000 mètres. Arrivé à la profondeur voulue, donc à la température désirée, on provoque artificiellement un réseau de fissures dans lequel on injecte de l'eau qui ressort sous forme de vapeur et le tour est joué ! La réalité est plus complexe, évidemment, mais le jeu en vaut la chandelle car on peut faire des trous sur n'importe quelle zone des 133,7 millions de km^2 de nos terres émergées, et cela équivaudrait, tous calculs faits, à 20 milliards de tep par an, soit un pactole à notre échelle. De plus, les recherches de pétrole font faire des progrès considérables aux procédés de forage qui rendent la chose économiquement viable à moyen terme (vingt ans).

– L'hydraulique enfin, dont nous avons vu les limites (p. 30), mais qui peut se combiner avec l'irrigation et apporter aux pays pauvres mais bien arrosés des réponses simples, même si elles sont partielles, à beaucoup de leurs problèmes.

Les fonds de vallée sont souvent étroits, et les ingénieurs construisent alors les salles des machines, où l'eau amenée par les conduites forcées (p. 30), traverse les turbines et entraîne les alternateurs, dans d'immenses cathédrales souterraines, propices à une décoration spectaculaire.

Ne rien dépenser du tout

Ce titre, volontairement provocateur, est là pour nous rappeler une vérité qui a peut-être tendance à s'estomper au fil des pages : la notion même d'énergie est liée à la transformation des systèmes. L'homme emploie l'énergie pour transformer les systèmes naturels en systèmes utilisables par lui. Si nous pouvions disposer de systèmes directement utilisables, nous pourrions nous passer de la transformation, donc d'énergie.

Orienter le travail de la nature

La nature a fait pousser ces haies qui protègent les cultures du vent et dont la pérennité est, *a priori*, plus assurée que celles construites par l'homme.

Prenons comme exemple la culture du blé. Chaque année, il faut labourer, semer, herser, répandre de l'engrais et des pesticides et enfin, récolter. Le labour, la fabrication d'engrais et d'insecticides, la récolte consomment de l'énergie. Si nous savions fabriquer une espèce de blé vivace et fixant directement l'azote de l'air à partir de la seule énergie du Soleil, l'économie qui en résulterait serait considérable.

Il n'y a pas d'outil plus fin que la biologie pour obtenir du Soleil les produits les plus complexes et les plus utiles.
La photosynthèse nous fournit par exemple dès aujourd'hui des matériaux directement utilisables, comme le bois, les textiles végétaux, le cuir ; des bases chimiques comme le latex, les huiles végétales ; des médicaments comme la quinine et bien d'autres substances indispensables.
L'introduction des méthodes modernes de sélection, puis des manipulations génétiques, a ouvert des voies insoupçonnées dans la maîtrise de cette photosynthèse.
Un jour viendra où nous saurons programmer l'arbre à nylon !

Le développement du pneumatique, en accroissant rapidement les besoins en caoutchouc, a conduit à la plantation de forêts d'hévéas, premier exemple de sylviculture industrielle. On incise l'écorce de ces arbres comme le font les gemmeurs sur les pins des Landes pour récolter la résine. Le latex ainsi recueilli est la base du caoutchouc naturel.

Accommoder les restes

Le traitement de ces produits qui forment ce qu'on appelle la *biomasse* est, lui aussi, en pleine évolution.

La distillation est un moyen très ancien de séparer par évaporation puis condensation des liquides de volatilité variable, l'alcool de l'eau, par exemple. C'est un procédé très utilisé dans l'industrie. On peut faire de l'eau douce à partir d'eau de mer, de l'essence à partir du pétrole brut et bien d'autres choses encore. Mais c'est, du point de vue énergétique (p. 103), un gaspillage si des dispositions particulières ne sont pas adoptées : échangeurs, pompes à chaleur, etc.

Depuis Noé, nous connaissons la fermentation qui permet d'obtenir de l'alcool à partir du sucre par exemple. Mais la découverte des *enzymes,* ces catalyseurs biologiques très efficaces, puis la maîtrise de leurs manipulations et bientôt de leurs modifications, ouvrent la voie à des fabrications industrielles de molécules complexes, comme les acides aminés et autres bases pharmaceutiques. L'enzymatique sera l'informatique de demain.

▲ En résumé, plus que la fourniture directe d'énergie, le solaire doit profiter pleinement de l'avantage que lui procure la biomasse sur toutes les autres sources : c'est un capteur gratuit qui s'autofabrique, qui stocke une énergie aléatoire et peut fournir, s'il est bien orienté, une grande variété de produits déjà élaborés adaptés aux besoins de l'humanité. ■

LA QUESTION DE TEMPS

Ce que nous venons de voir sur nos besoins prévisibles, nos ressources, nos possibilités d'adaptation montre que le temps du changement nous est mesuré. Aurons-nous les moyens et la volonté de ne pas nous laisser surprendre par une crise majeure, et cette fois sans remède ? Ce n'est pas si sûr et pour trois raisons principales.

Les mauvaises habitudes

L'homme, nous venons de le voir, a commencé par n'utiliser que la seule biomasse. Il a gagné son pain à la sueur de son front, et cela lui a laissé de mauvais souvenirs. Il a accueilli le charbon, puis le pétrole comme une succession de libérations, une marche vers le "progrès". Si l'on refuse nucléaire et manipulations génétiques et autres nouveautés qui effraient par les perspectives qu'elles ouvrent, il va falloir revenir aux solutions du passé. Il faut bien dire qu'à l'exception de quelques mystiques de l'âge d'or préindustriel, cette perspective n'enchante pas grand monde.

Toutes les études montrent qu'une majorité de nos concitoyens croit que scientifiques et techniciens sauront trouver une solution à ces problèmes. Aussi une mentalité assez répandue est-elle celle de l'*après moi, le déluge*.
Il suffit, pour s'en convaincre, de constater que les crises du pétrole n'ont pratiquement pas ralenti les ventes de voitures et que leur puissance moyenne continue à croître. Tout se passe comme si l'Occidental moyen était prêt à se serrer la ceinture sur bien des choses, mais pas sur son confort énergétique. La persuasion, la menace, la hausse des prix, rien n'y fait.
Et plus le temps passe, plus les mesures à prendre seront brutales, moins elles seront populaires. Quel gouvernement prendra le risque d'instaurer un rationnement de l'énergie ? C'est pourtant bien ce qui nous guette, si rien n'est préparé dans les trente années qui viennent.

L'inertie des choses

Mais si nous ne sommes pas prêts à abandonner nos comportements traditionnels, nos structures ne sont pas non plus en état d'encaisser une mutation brutale. Prenons trois exemples :
■ **Le transport automobile** est conçu pour utiliser les produits pétroliers légers. Si, par un coup de baguette magique, nous pouvions disposer d'un véhicule électrique rendant les mêmes services, il faudrait renou-

veler tout le parc existant, monter de toutes pièces une industrie d'accumulateurs nouveaux, de moteurs électriques de traction, chambouler de fond en comble le réseau de stations-service qui devraient ajouter des "bornes" à leurs pompes, renforcer le réseau électrique, accroître le nombre de centrales nucléaires ou au charbon. Tout cela prendrait bien une génération.

■ **L'industrie** fait appel aujourd'hui aux sources classiques de chaleur pour un grand nombre d'opérations courantes. Le passage à des procédés plus économes implique très souvent un changement complet de technologie, donc une reconstruction totale ou partielle des usines.

Si celles-ci sont récentes, c'est un gaspillage et on préfèrera à juste titre attendre la période normale de renouvellement pour le faire. Le processus s'étalera sur un grand nombre d'années.

■ **L'habitation** est un bien à très longue durée de vie. Si, par exemple, toutes les constructions neuves étaient chauffées au bois avec un appoint électrique il faudrait un demi-siècle pour que la moitié des logements français soient ainsi équipés, en supposant que les ressources en bois de chauffage soient suffisantes.

Il est clair que cette mutation ne peut être que très lente. Elle n'est possible que si les outils nécessaires sont prêts à temps. Et, là encore, entre la mise au point en laboratoire d'un nouveau procédé et son industrialisation, il peut s'écouler des lustres !

Entre le premier réacteur nucléaire de Fermi et la première centrale, il s'est écoulé plus de vingt-cinq ans.

Le prix du changement

À l'évidence, le grand chambardement énergétique qui se prépare va coûter cher, très cher. Voici un petit exercice chiffré qui permet de montrer les ordres de grandeur auxquels il faut se préparer.

Notre pays produira, en 1993, environ 8 000 milliards de francs de biens et de services. Sur ce total, 2 000 milliards vont être investis et le reste sera consacré à la consommation.

Pressés par le temps et confrontés à l'inertie des choses, il nous faudra investir plus et plus vite. Pour ce faire, nous devrons sérieusement réduire notre consommation Nous sentons-nous prêts à accepter une baisse de 5, 10 voire 15 % de notre niveau de vie, pendant une génération ? C'est pourtant ce qui nous menace, et le futur pourrait être pire encore si l'on reculait sans arrêt devant l'obstacle.

C'est cette nécessité de trouver des solutions aussi flexibles, aussi adaptables que possible qui explique en grande partie le développement continu du vecteur électrique, malgré l'incapacité où nous sommes de le stocker. En effet, le réseau électrique peut être alimenté simultanément ou successivement par toutes les sources d'énergie disponibles.

Les 22 millions de ménages français ne se sont jamais aperçus des passages successifs de l'hydraulique au charbon, puis au pétrole et enfin au nucléaire : le courant était toujours le même.
En même temps, l'énergie distribuée par le réseau peut être utilisée à une multitude d'applications qui peuvent varier rapidement, sans provoquer de bouleversements dans les moyens de production.
L'usage de plus en plus massif de l'énergie a permis à l'espèce humaine de combattre victorieusement une nature hostile et même de la domestiquer partiellement, assurant ainsi sa prolifération. Cet usage n'a pas été fait de manière scientifique et planifiée, mais plutôt comme un pillage de ressources que l'on croyait infinies et gratuites.
Nous savons que ces temps sont révolus mais nous ne pouvons pas nous passer d'énergie, de plus en plus d'énergie. Il va falloir se donner les moyens de la produire. Nous venons de voir que c'était possible. En aurons-nous la volonté et la Nature, épuisée, meurtrie, nous en laissera-t-elle le temps ? ■

La majorité des documents proposés ici font partie des collections de la médiathèque de la cité des Sciences et de l'Industrie.

Introduction à l'énergie

Les grands travaux de l'humanité, Éditions du Pont Royal, 1961
Encyclopédie médiévale, Viollet-le-Duc, Interlivres
Histoire illustrée des inventions, Umberto Eco et G. B. Zorzoli, Éditions du Pont Royal, 1961
Histoire des techniques, Élisabeth Drye, Hatier, 1993
Pour connaître les sciences, Leprince Ringuet, Larousse, 1962
L'univers des sciences, Robin Kerrod, Gründ, 1991
Énergie, un guide pratique en 100 questions, Max Moreau, Economica, 1985
Énergie et matières premières, Claude Perrot, Bréal (Montreuil), 1988
Énergie 2000, Jean-François Guilmot, Economica, 1986
Tableaux des consommations d'énergie en France (édition 1990), La Documentation Française, 1990

Bandes dessinées :
Énergétiquement vôtre, Jean-Pierre Petit, Belin, 1984
Vive le nucléaire : petite histoire de l'énergie, Konk, Albin Michel, 1985

L'énergie sous toutes ses formes

Victoire sur l'énergie, Albert Ducrocq, Flammarion, 1980
Images de l'invisible, Gaston Bonheur, Éditions Sun, 1979
La planète électricité, Nicolas Skrotsky, Éditions Hologramme, 1984
Les merveilles de l'électricité, Louis Figuier, Association pour l'histoire de l'électricité en France, 1985
Aux sources de l'énergie, Alain Dupas, Laffont, 1984
Chaleur, Alfred J. Parker, Vuibert, 1975
Chaleur et désordrs, Peter W. Atkins, Belin, 1987
L'énergie et ses secrets, Claude Roques-Carmes, Nathan, 1982
Masse en mouvement, Jim Jardine, Vuibert, 1974
Matière et énergie, Jean Rosmorduc, Messidor, 1991
Le monde des électrons, de l'électrons aux quarks, Steven Weinberg, coll. *Pour la science*, Belin, 1985
Photosynthèse, D. O. Hall, Vuibert, 1978
Les pionniers de l'atome, Bertrand Goldschmidt, Stock, 1987

Les sources d'énergies

L'aventure de l'électricité, Louis Leprince-Ringuet, Flammarion, 1983
Biocombustibles : biosphère, biomasse, bioconversation, biocombustibles, E. E. Robertson, SCM (Paris), 1979

Chronique de trente années d'équipement nucléaire à Électricité de France, Association pour l'histoire de l'électricité en France, 1988
L'énergie verte, Laurent Piermont, Point science, Seuil, 1982
Énergie : le charbon, Sofédir (Palaiseau), 1981
La géothermie : du geyser au radiateur, Jean-Michel Coudert, Édition du BRGM (Orléans), 1989
Le moteur hydraulique en France au XIXe siècle, Belin, 1990
Moteurs et propulsions, Léopold Cohen, Pocket/CSI, 1992
Les moulins, Jean Orsatelli, Jeanne Lafitte (Marseille), 1979
Le pétrole, une épopée, Xavier Boy de la Tour, Pocket/CSI, 1993
Off-shore en mer du Nord, coll. *Carnets du monde*, Albin Michel/CSI, 1992
Le pétrole à travers les âges, Alain Perrodon, Boubée (Paris), 1989
La presqu'île au nucléaire, Françoise Zonabend, Odile Jacob, 1989

Cassettes sonores

La géothermie, Haroun Tazieff (60 min)
Les énergie renouvelables : soleil et biomasse, (90 min), Bernard Chabot, Cité des sciences et de l'industrie, 1991

Logiciels

De l'atome à la centrale, CISI Ingenierie (Rungis), 1988, 4 disquettes
L'énergie, CISI Ingenierie (Rungis), 1989, 15 disquettes
L'électricité domestique, Jacques Doidic, Chrysis (Poitiers), 1992, 1 disquette
Joules en stock, Epygone, Renault communication, Boulogne-Billancourt, 1990, 4 disquettes-1 livret

Filmographie

Le concept de flux de l'énergie, Jacques Thisdale (réal.), TV Ontario (prod.), 1984, 10 min
Énergie potentielle et énergie cinétique, NHK (prod.) 1985, 10 min
La chaleur et le transfert d'énergie, Coronet (prod.), 1985, 13 min
L'électricité et le magnétisme, Centron (prod.), 1985, 14 min
L'énergie atomique, EBE (prod.), 1982, 14 min
Le Tokamak, Antenne 2 (prod.), 1978, 27 min
Le Soleil et son énergie, Coronet (prod.), 1978, 10 min
Les ressources naturelles de la Terre, Open University (prod.), 1984, 49 min
Inside Tchernobyl sarcophage, Edward Briffa (réal.), BBC 2 (prod.), 1991, 50 min

Les numéros entre parenthèses renvoient aux pages du livre.

Accumulateur (p. 28, 59) **:** appareil qui, par une réaction chimique réversible, peut accumuler puis restituer une certaine quantité d'électricité.

Alternatif (p. 62) **:** se dit d'un courant électrique dont le sens d'écoulement s'inverse pédiodiquement, généralement 50 ou 60 fois par seconde (voir *continu*).

Anergie : fraction de la chaleur qui, dans des conditions thermodynamiques données, n'est pas convertible en énergie.

Bioénergie (p. 49) **:** énergie dont l'origine est dans les êtres vivants, par opposition à celle dont l'origine est fossile, comme le charbon ou le pétrole, ou cosmique, comme le Soleil ou le nucléaire.

Biomasse (p. 93, 116) **:** masse de matière vivante à la surface de la Terre (animale, végétale...).

Champ (p. 15, 55) **:** modification des propriétés de l'espace dues à l'existence d'une masse (champ gravitationnel), d'une charge électrique fixe (champ électrique) ou mobile (champ électromagnétique). L'existence même de l'Univers implique celle d'une infinité de champs qui se superposent et dont l'analyse est notre seul moyen de le connaître.

Charge (électrique) (p. 16, 54) **:** comme la masse, la charge est un paramètre de description de la matière. Elle peut être positive, négative ou nulle. L'"atome de charge", c'est-à-dire la plus petite charge que l'on puisse isoler, est l'électron, qui est négatif.

Conservation (principe de) (p. 30) **:** hypothèse, non démentie à ce jour, selon laquelle l'énergie totale de l'Univers est une constante. Si une partie de l'Univers en perdait, au même instant une autre partie en recevrait une quantité égale.

Continu (courant) (p. 62) **:** se dit d'un courant électrique dont le sens d'écoulement reste constant (voir *alternatif*).

Coulomb (p. 16, 32) **:** unité de quantité d'électricité.

Courant (électrique) (p. 57) **:** flux de charges électriques circulant dans un circuit conducteur comme de l'eau dans des canalisations.

Désordre/ordre (p. 34, 40) **:** au sens de la thermodynamique, des phénomènes sont dits "ordonnés" lorsqu'il existe entre eux une relation qui les lie, au moins sur le plan statistique. Il y a "désordre" dans le cas contraire, c'est-à-dire si aucune relation autre qu'aléatoire ne lie les phénomènes.

Dynamo (contraction familière de "machine dynamo-électrique") (p. 28) **:** machine permettant de transformer l'énergie mécanique en courant électrique continu.

Entropie (p. 36) **:** grandeur thermodynamique qui permet d'apprécier la dégradation d'un processus, l'état de désordre d'un système énergétique.

Exergie : fraction de la chaleur qui, dans des conditions thermodynamiques données, est convertible en énergie.

Fission (p. 108) **:** phénomène d'éclatement des noyaux les plus lourds, comme l'uranium ou le plutonium, en plusieurs fragments, les "produits de fission", avec perte de masse et donc libération d'énergie (voir *fusion*).

Fossiles (ressources) (p. 86) **:** matières premières accumulées tout au long de la création de la Terre, qu'on exploite comme un "stock" qui ne se renouvelle plus.

Fusion (p. 45, 111) **:** phénomène de fusion des atomes les plus légers de la nature : hydrogène, deutérium, tritium en un atome plus lourd, généralement l'hélium, avec perte de masse, donc libération d'énergie (voir *fission*).

Géothermie (p. 47, 113) **:** terme générique servant à qualifier les phénomènes résultant de la chaleur accumulée sous la croûte terrestre.

Gravitation (p. 16, 94) **:** nom donné au phénomène d'attraction mutuelle de deux masses.

Interaction (p. 16) **:** lorsque deux systèmes réagissent l'un sur l'autre, on dit qu'il y a "interaction" entre eux.

Joule (p. 28, 32) **:** unité de mesure de travail, d'énergie et de quantité de chaleur.

Masse (p. 12, 32) **:** la masse est, avec la charge, un paramètre de description de la matière. Masse et énergie sont deux expressions d'une même réalité (voir *poids*).

Newton (p. 31) **:** unité de force.

Nucléaire (énergie) (p. 51, 108) **:** énergie tirée des noyaux des atomes, et non du nuage d'électrons qui entoure ces noyaux, comme l'énergie chimique. Peut-être de *fission* ou de *fusion*.

Période : – 1) dans un courant "alternatif", la période désigne le cycle compris entre deux passages par le même état du courant ; les courants industriels ont 50 de ces passages par seconde.
– 2) : temps mis par un corps radioactif pour que la moitié de ses atomes se soient désintégrés.

Photoélectricité (p. 112) **:** électricité obtenue directement à partir d'un rayonnement, sans passage par un cycle thermique. Elle se distingue ainsi de celle produite dans les centrales où le rayonnement ne sert qu'à alimenter une chaudière traditionnelle.

Photon (p. 112) **:** "grain élémentaire" de lumière. Le plus petit élément de rayonnement que l'on puisse isoler. Il joue le même rôle que l'électron pour l'électricité ou que l'atome pour la matière.

Photosynthèse (p. 91) **:** transformation directe de l'énergie d'un rayonnement en réactions chimiques, sans passage par la chaleur. La fonction chlorophyllienne en est l'exemple le plus connu.

Pile (électrique) (p. 59) **:** dispositif permettant d'obtenir un courant électrique à partir d'une réaction chimique. À la différence de l'accumulateur, une pile n'est pas réversible et ne peut se recharger. Le mot "pile" provient de ce que Volta, pour construire la première d'entre elles, avait "empilé" les uns sur les autres des disques métalliques.

Poids (p. 17) **:** force exercée sur une masse par l'attraction terrestre, qui doit se mesurer en newtons. On ne pèse pas 80 kg : on a une masse de 80 kg et on pèse 784,8 N.

Potentiel (p. 18) **:** au sens énergétique, le potentiel est la capacité qu'a un système de fournir de l'énergie. Mais comme il fournit cette énergie à un autre système qui a lui même un potentiel, c'est la "différence de potentiel" entre les deux systèmes qui fixe le sens de cet échange et son intensité. L'usage fréquent du mot "potentiel" à la place de "différence de potentiel" est une impropriété et suppose que l'un des deux systèmes a un potentiel nul.

Rayonnement (électromagnétique) (p. 55) **:** le champ électromagnétique qui baigne l'Univers transmet les oscillations provoquées en un point quelconque comme l'air transmet le son d'une cloche et la surface d'un lac, les ondes d'un caillou qu'on y jette. L'ensemble de ces vibrations est appelé "rayonnement électromagnétique". On assimile ce rayonnement à la circulation à la vitesse de la lumière de particules élémentaires, les photons, paquets d'ondes capables, paradoxalement, d'expliquer les phénomènes d'interférence et les effets "mécaniques" de la lumière.

Renouvelables (ressources) (p. 68, 90, 112) **:** à la différence des ressources fossiles, les ressources renouvelables sont produites en permanence, essentiellement par le Soleil. Les utiliser conduit à capter un flux, et non à puiser dans un stock (voir *fossiles*).

Résistance (p. 25, 57) **:** appareil ne laissant passer le courant électrique qu'avec difficulté, de manière à ce que tout ou partie de l'énergie électrique soit transformée en chaleur.

Système (p. 21) **:** ensemble d'objets matériels isolés par la pensée du reste de l'Univers.

Thermodynamique (p. 38) **:** science des rapports entre la chaleur et l'énergie.

Transformateur (électrique) (p. 64) **:** appareil placé entre deux circuits électriques alimentés en courant alternatif et permettant d'augmenter ou de diminuer le rapport des différences de potentiel existantes dans l'un et dans l'autre.

Travail : p. 18.

Unités : p. 32.

Volt (p. 32) **:** unité pratique de force électromotrice et de différence de potentiel (du nom du physicien italien Alessandro Volta).

Watt (p. 32) **:** unité de puissance électrique (du nom du physicien écossais James Watt).

Origine des images
(de gauche à droite, de haut en bas)

Couverture : Ferrero/Labat/Jacana ; D. Lecourt/Jacana.

Introduction : p. 9 : Jean-Loup Charmet.

Chapitre 1 : p. 10 : D. A. Hardy/SPL/Cosmos ; p. 12 : C. Pouëdras/Eurélios ; p. 14 : S. Stammers/SPL/Cosmos ; p. 16 : F. Gohier/Jacana ; p. 20 : Ch. Lenars/Explorer ; p. 22 : SPL/Cosmos ; p. 25 : Collection Médiathèque d'histoire des sciences/CSI/M. Lamoureux ; p. 26 : M. Land/SPL/Cosmos ; p. 29 : Coll. Méd. hist. sc./CSI/M. Lamoureux ; p. 30 : Frederic/Jacana ; p. 31 : M. Land/SPL/Cosmos ; p. 32 : Boulay/Caraisco/Jacana ; p. 33 : S. Stammers/SPL/Cosmos ; p. 35 : Coll. Méd. hist. sc./CSI/M. Lamoureux ; p. 37 : J. Cancalosi/Jacana ; p. 39 : Coll. Méd. hist. sc./CSI/M. Lamoureux – Cavagnetto et Cerceau/Museum national d'histoire naturelle, laboratoire de palynologie ; p. 40 : J. Lenars/Explorer ; p. 42 : Ph. Plailly/Eurélios.

Chapitre 2 : p. 44 : E. Lessing/Magnum Photos ; p. 46 : D. Lecourt/Jacana ; p. 47 : Mary Evans Pictures Library/Explorer ; p. 48 : Coll. Méd. hist. sc./CSI/M. Lamoureux ; p. 50 : J.-Cl. Maes/Jacana ; p. 51 : R. Köenig/Jacana – E. Lemoine/Jacana ; p. 52 : C. Vasselet/Jacana ; p. 56 : D. Phillips/Explorer ; p. 59 : F. Gohier/Jacana ; p. 62 : H. Chaumeton/Jacana ; p. 64 : M. Danegger/Jacana – J.-L. Le Moigne/Jacana ; p. 66 : G. Thouvenin/Jacana ; p. 67 : Coll. Méd. hist. sc./CSI/M. Lamoureux.

Chapitre 3 : p. 68, 71 : Coll. Méd. hist. sc./CSI/M. Lamoureux ; p. 76 : Mary Evans Pictures Library/Explorer ; p. 77 : Ph. Plailly/Eurélios ; p. 78 : J. Baum/SPL/Cosmos ; p. 79 : C. Pouëdras/Eurélios.

Chapitre 4 : p. 82 : Coll. Soazig/Explorer ; p. 85 : Y. Gladu/Jacana ; p. 86 : Coll. F. Raulin-Cerceau/MNHN ; p. 87 : T. Walker/Jacana ; p. 88 : Y. Arthus-Bertrand/Jacana – J.-P. Ferrero/Jacana ; p. 89 : S. Hart/Wheeler Pictures/Cosmos – Turner/Arthus-Bertrand/Jacana ; p. 91 : G. Boutin/Explorer ; p. 92, 93 : Ph. Plailly/Explorer ; p. 95 : M. Moisnard/Explorer.

Chapitre 5 : p. 96 : Coll. Soazig/Explorer ; p. 101 : Ph. Plailly/Eurélios ; p. 102 : Coll. F. Raulin-Cerceau/MNHN ; p. 103 : H. Veiller/Jacana ; p. 104 : Coll. F. Raulin-Cerceau/MNHN ; p. 105 : M. Viard/Jacana ; p. 106, 107 : Coll. F. Raulin-Cerceau/MNHN ; p. 108 : A. Cropt/Jacana ; p. 109 : M.-A. Philippe ; p. 110 : J.-P. Varin/Jacana ; p. 111 : Y. Arthus-Bertrand/Jacana ; p. 112 : L. Ruellan/Conservatoire botanique national de Brest ; p. 113 : F. Le Hir/Conservatoire botanique national de Brest ; p. 117 : F. Gohier/Jacana ; p. 120 : Ferrero/Labat/Jacana – M.-C. Hugh/PHR/Jacana ; p. 121 : R. Austing/PHR/Jacana – J.-P. Ferrero/Jacana.

Les **illustrations** des pages 13, 23, 54 et 122-123 sont de Noël Blotti.

Remerciements

L'auteur remercie pour leurs relectures, monsieur Giorgio Bernardi, Directeur de recherches au CNRS, Directeur du laboratoire de génétique moléculaire de l'Institut Jacques Monod, Université Paris VII – Christian Érard, professeur au Muséum national d'histoire naturelle et Directeur du laboratoire de zoologie des mammifères et oiseaux et Jean-Louis Hartenberger, Directeur de recherches au CNRS, à l'Institut des Sciences de l'évolution de l'université Montpellier II.

L'éditeur remercie Patrick Peron (Conservatoire Botanique National de Brest) – Dominique de La Martinière et Marc-André Philippe (Parc Naturel Régional du Marais Poitevin, 17170 La Ronde) – Joëlle Pichon (Agence Jacana, Vanves).

Conception graphique : Rampazzo & Associés
Couverture : Alice
Mise en pages : Hugues Cornière
Iconographie : Denis Pasquier
Responsable éditorial : Olivier Amiel
Responsable de fabrication : Marie-Thérèse Morchain

Achevé d'imprimer sur les presses d'I.M.E. - 25110 Baume-les-Dames
Dépôt légal : Février 1994 - N° imprimeur : 8949